U0672818

第二分册　空间构成训练

韩林飞　编著

中国建筑工业出版社

图书在版编目（CIP）数据

空间构成训练：韩林飞 编著. —北京：中国建筑工业出版社，2015.9（2024.2重印）
（建筑造型基础训练丛书；2）
ISBN 978-7-112-18443-9

Ⅰ.①空⋯　Ⅱ.①韩⋯　Ⅲ.①空间设计　Ⅳ.①TU206

中国版本图书馆CIP数据核字（2015）第216051号

责任编辑：何　楠　陆新之
责任校对：刘　钰　陈晶晶

建筑造型基础训练丛书
第二分册　空间构成训练
韩林飞　编著
＊
中国建筑工业出版社出版、发行（北京海淀三里河路9号）
各地新华书店、建筑书店经销
北京圣彩虹制版印刷技术有限公司制版
北京中科印刷有限公司印刷
＊
开本：965×1270毫米　1／16　印张：9$\frac{1}{4}$　字数：250 千字
2015 年 9 月第一版　2024 年 2 月第四次印刷
定价：50.00 元
ISBN 978-7-112-18443-9
（34475）

GENERAL PREFACE

建筑造型基础训练丛书
前 言

建筑设计的魅力就是塑造建筑形体独特的个性语言,这是建筑师追求的终极目标。

——恩·阿·拉多夫斯基(1881-1941)

20世纪20年代的建筑设计大师恩·阿·拉多夫斯基(苏联BXYTEMAC基础教学方法的创始人)道出了建筑设计的真谛,这也是当代建筑学专业存在的基础和努力的方向,建筑造型成为建筑师梦寐以求的毕生追求。建筑造型和其他造型艺术虽然有许多不同的地方,但作为人类创造物的一部分,建筑造型和其他造型艺术又有许多相通的共鸣。建筑的"造型",绘画作品的"构图",音乐的"作曲",文学作品的"结构",雕塑作品的"构架"等,其英文均是 Composition。这也就是人类造型艺术基础共通的地方。特别是当代造型艺术,表现出了一体化的明显趋势。

观察其他造型艺术领域,其造型基础教育更符合人类造型认知心理的规律,如音乐作曲的"片段组合法",绘画作品的"点、线、面"教学法,文学作品的"字、词、句"教学法。从元素入手,到简单的组合,再到间架结构,再到作品的生成,自然流畅,形成了基础教学的理性逻辑和生成脉络,扎实的基础教学对作品的创作起到了"基础"的作用。

反观我国的建筑造型教育,建筑初步课程教学注重建筑基础的基本认知,训练基本的建筑表达能力,较少涉及建筑造型的构成方法及其训练,建筑初步教学结束后学生直接进入建筑单体的建筑设计,缺乏基本的构成语言训练,缺乏系统化的建筑造型基础训练,缺乏适合造型认知心理的教学方法,学生构成语言的训练磨灭在建筑设计的功能与技术中,缺失了造型个性的专门培养,学生作品雷同现象普遍,缺乏创造力,为城市建筑的千篇一律埋下了伏笔。

笔者考察了欧洲,美国等众多高校的建筑教育后发现,特别是基础教育在当代建筑发源地(20世纪20~30年代)德国BAUHAUS和苏联BXYTEMAC的学习教学工作中,造型基础教学深厚的历史积淀,当代造型艺术"形态"、"空间"、"色彩"基本教学方法,仍然起着巨大的基础教学的作用,巴黎美院写实主义的教学方法被远远抛弃于现代造型艺术的背后。

传统的巴黎美院式造型基础教育注重学生写实能力与实体表现的培养,主要通过素描、色彩写生达到基础教学的目标,侧重于学生的描写技巧,色彩方面注重学生的自然写实,对于空间的描述主要体现自然现实中的可视表面空间。其基础学科是透视学、植物性、动物学、人体解剖学等,是对现实自然界的直接描绘,借鉴自然成为主题,自然的细部具象成为主流,培养学生的主要目标是技法,技法胜过了创造。

当代造型艺术注重个性、创造力的培养,培养目标是对自然界内部客观规律的认识,它建立在现代工业革命以来的现代力学、量子分子学、现代物理学等学科的基础上,是对世界内部客观规律的认识,是在此规律基础上人工建造的体现,体现的是当代的科学技术成就。现代造型注重对客观事物的抽象与立体,客观的抽象与人类创造性的理解成为主流。

基于以上对当代造型艺术的科学基础的理解,当代造型艺术的基础教育急需改进,适应当代造型艺术根本规律的基础教学方法呼之欲出,我国自20世纪30年代,移自宾夕法尼亚大学巴黎美院布扎体系的基础教学方法亟待改进,传统的基础教学方法已难以适应当代中国大规模工业化建设的需求,当前的现实也迫使建筑教育界重新思考基础教学的问题,欧美许多国家的造型基础教育在50年前就已经完成了这样的适应和转变。传统的基础教学已成为学生素养教育的支持而不是学生创造能力培养的基础。

耶·斯·普鲁宁(E.C.Pronin)(1939—1999)教授(恩·阿·拉多夫斯基的学生)的基础教学及训练方法,在多所学校多年的教学实践中已取得良好的效果。其核心理念是适应当代造型艺术心理认知的规律,将造型分成形态,空间,色彩三大部分,通过造型语言字词句的系统训练,训练学生的独立认知能力,培养学生个性化的创造力。

"形态构成训练"主要通过50多道练习题,将抽象联系元素化、体系化,从元素、体系、组合、创造等方面系统地培养学生对不同形态的个性认知,每个题目要求有三个以上的解答思路,重点塑造学生的抽象创造能力、学生在这种看得见,摸得着的循序渐进的过程中感受"形态构成"的魔力!

"空间构成训练"主要将客观事物抽象为最简洁的立方体、长方体、圆柱体、锥体等几何体,以最简洁的几何体为研究目标,由正方体1个、2个、3个转角的训练过渡到正方体的训练,适应造型认知训练心理的规律,培养学生个性化的"空间造型语言"。

"色彩构成训练"力求建立现代抽象绘画与空间构成的联系，通过分析当代大师的抽象绘画作品，使学生理解抽象绘画的空间色彩的实质。具体训练是："色彩的临摹"，使学生感受大师的色彩空间；"色彩的分析"，掌握大师使用色彩的特点；"色彩的重组"，学生根据大师的色彩构成规律，应用大师的色彩重新组织色彩构图；"色彩的变化"，用单色和学生自己喜欢的色彩在原作基础上理解色彩；"色彩的空间"，以空间模型为表达手段，在原作上生成空间。"色彩构成"训练重点培养学生对当代设计色彩的认知能力，建立设计色彩的概念，为今后以材料色彩体现建筑造型、体现建筑质感打下基础。

"形态构成训练"、"空间构成训练"、"色彩构成训练"，简称为"建筑造型字词句"的教学方法，创造性地展示学生个体对构成的理解，丰富学生个体的造型能力，适应当代造型艺术的本质。

建筑造型基础丛书汇集了韩林飞教授近 20 年来在西安建筑科技大学、清华大学、莫斯科建筑学院（BXYTEMAC 的继承者）、米兰理工大学、北京大学、北京工业大学、菲律宾马尼拉大学、北京建筑大学、北京交通大学、美国南加州大学等多所大学学习、执教的经验，综合了这些大学学生的作品，特别是应用耶·斯·普鲁宁（1939—1999）教授的基础教学及训练方法，主要展示了北京工业大学、北京交通大学各校一年级新生的基础构成训练作业。

通过这些一年级新生的作业探讨建筑造型基础教学的训练方法和手段，起到一个抛砖引玉的作用，希望引起建筑教育界的关注，共同做好建筑造型基础教学工作。

欢迎大家批评指正！

韩林飞 教授

北京交通大学, 莫斯科建筑学院, 米兰理工大学

2014.05.02 北京

CONTENTS

目 录

前言

导论

PROLOGUE

INTRODUCTION

概述

建筑"造型"基础训练共包括形态构成、空间构成和色彩构成三个部分，本书"空间构成"旨在发现空间构成与现代建筑设计存在的关系，力求达成体块感知训练与空间构成之间的联系，通过基本形体制作的训练、平面图形的立体化处理、空间体块的变化交错、场所空间的理解感知等方面的练习，在其中探寻空间构成与实际建筑造型手法中所相通，交叠的部分，从而一步步达到空间感知能力与建筑造型能力水平的提升，为今后进行建筑设计打下良好基础。

作为形态、空间、色彩三大训练中的第二部分训练，空间构成的训练，既是三类不同训练中单独特别的一类，也是起着承上启下作用的一部分训练，通过对于空间的感知，需要学生在平面的基础上对于构图、明暗、深度等基础概念有进一步的认识，这些属性既是对于平面构成方面的加强，也是对于色彩构成中某些手法的基础。因此，这一部分的训练对于完成三部分训练起着衔接的重要任务。

在传统意义上，空间构成是用一定的材料、以视觉为基础，力学为依据，将造型要素，按照一定的构成原则，组合成良好型体的构成方法。它是以

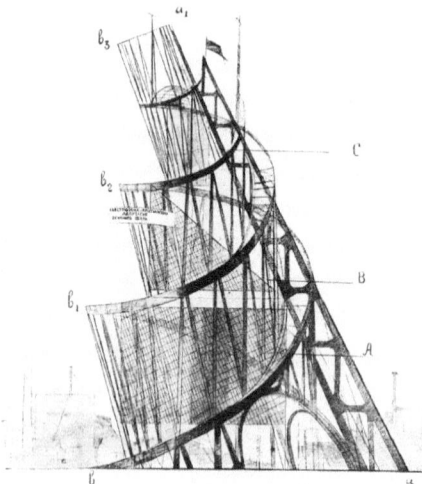

图 1.1 第三国际纪念碑

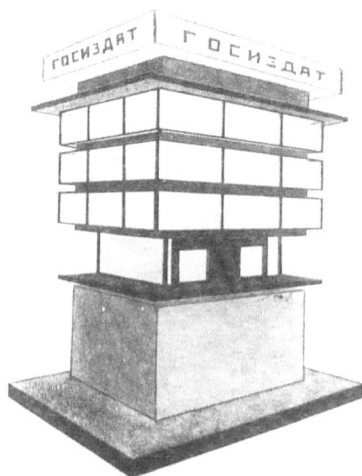

图 1.2 呼捷玛斯构成作业 1

点、线、面、对称、肌理的由来，研究空间形态的学科，也是研究空间造型各元素的构成法则。空间构成是现代艺术设计的基础构成之一。构成的源流，首先便是来自 20 世纪初在前苏联所展开的构成主义书籍。前苏联"呼捷玛斯"和德国"包豪斯"是 20 世纪著名的设计学院，培养出了一批在各个设计领域中领先的人才，两所学校在探索培养新设计师的教学体制的过程中，均发展了多门基础教学课程，其中就包括我们今天所谈到的空间构成理论知识。空间构成的概念产生及侧重点都是从建筑学的角度来阐述的，

在最初的教学探索中，空间构成均被划分为进行专业学习前的基础教学部分划分，在建筑专业的学习之初，在体量的理解、空间的感知等方面能力的培养中，空间构成的基础训练起到了十分重要的作用。

在空间构成的教学体系中，我们着重使学生树立任何形态都可以进行抽象、归纳、还原到点、线、面元素，以及通过点、线、面又进行组合成任何形态的观念。所有的体，都可以被分析和理解为由以下几部分所组成：①点或定点，几个面在此相交；②线或界面，两面在此相交；③面或表面，

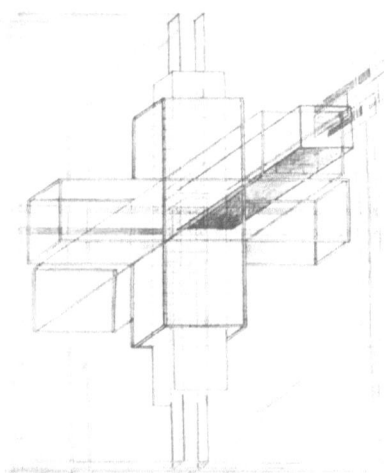

图 1.3 呼捷玛斯构成作业 2

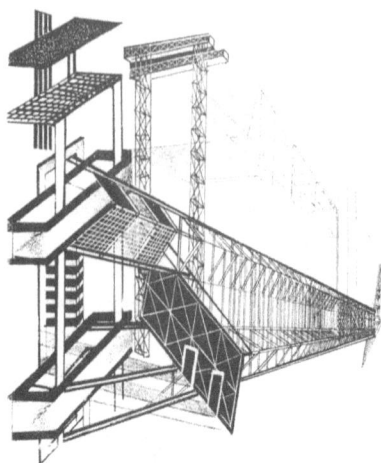

图 1.4 呼捷玛斯构成作业 3

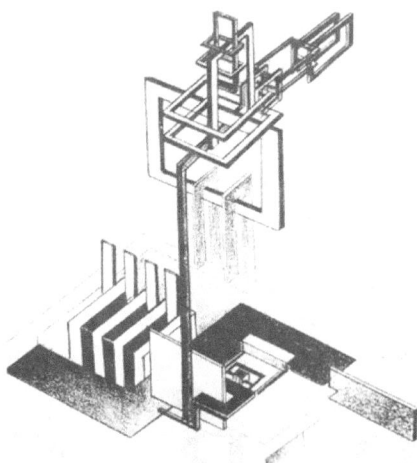

图 1.5 呼捷玛斯构成作业 4

图 1.6 呼捷玛斯建筑设计作业 1

图 1.7 呼捷玛斯建筑设计作业 2

图 1.8 呼捷玛斯建筑设计作业 3

限定体的界限。体量的形态关系是空间形体所具有的最基本的、可以识别的特征。它是由面的形状和面之间的相互关系所决定的，这些面表现出体的界限。而作为建筑设计语汇中重要的三要素之一，体既可以是实体，如锥体、圆台、棱柱、球体等，即用体量代替空间，也可以是虚空，即由面所包容或围合的空间。正如勒·柯布西耶在《走向新建筑》中说："建筑是体块在阳光下精湛的、正确而出色的表演。"因此，在进行建筑设计的初期，将复杂的建筑形体拆解为不同材质与颜色的体块，可以凸显建筑体量并表现建筑力度，也可以取得更加近人的建筑尺度。

建筑中的面限定着体量与空间的三维容量。每个面的特征，如尺寸、形状、色彩、质感，还有面与面之间的空间关系，最终决定了这些面限定的形式所有的视觉特征以及这些面所围合的空间质量。因而，在一个界定的范围内，对纷乱的动态或静态状况进行简略的高度归纳，形式上就是一种二维或三维形体构图。在进行二维空间转化到三维立体建筑空间的过程中，要把握各部分细节问题，并结合所掌握的造型手法，尝试完成几个该类模型，以便增强自己的空间转换能力。

该空间构成训练的题目体系正是在对空间构成详细研究的基础上得来的，在考察了欧洲、美国等全世界众多高校的建筑教育，特别是基础教育之后，我们积累了丰富的空间构成训练作品与方法，将此训练集的训练思路还原在当代建筑发源地（20世纪20~30年代）——德国包豪斯和前苏联呼捷玛斯的学习教学工作中，正是由于造型基础教学深厚的历史积淀，使得当代造型艺术"空间"基本教学方法仍然有着巨大的价值，在教学中的运用也有着十分大的能量，以俄罗

图 1.9 包豪斯构成作业 1

图 1.10 包豪斯构成作业 2

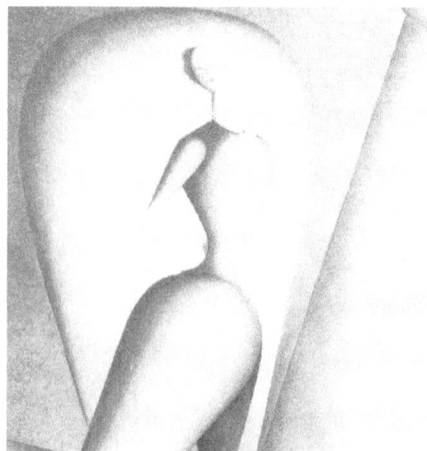

图 1.11 包豪斯构成作业 3

斯呼捷玛斯和德国包豪斯的原有教学体系结构为基础，通过对国外大批空间构成学教学体系和内容的研究，也通过对经典内容积极、深入的研究，并加之以现代设计训练的过程手段，最终形成了逐步认知的训练体系。

其训练包含这样的过程：首先，"空间训练"将客观事物抽象为最简洁的立方体、长方体、圆柱体、锥体等几何体，以最简洁的几何体为研究目标，来实现学生们对形体初步把握，而后

通过二维空间到三维空间的变化的折纸浅浮雕训练学生们的雕塑感，训练题目由正方体 1 个、2 个以及 3 个转角的构成训练过渡到正方体的训练，再发展就产生了建筑立面的训练以及城市广场的空间练习，这样的培养过程适应造型认知训练心理的规律，可培养学生个性化的"空间造型语言"。我们在注重学生基本功训练的基础上还在增加了最后一部分的建筑实例空间构成分析，这样能让训练者学以致

用，掌握理论的同时加强训练。在本学期的构成造型课程中学生通过不同作业的训练，加强了自己对空间的感知力，逐步形成了构成学的基本技能，从而为后期的学习打下了基础。

空间构成起源已久，但真正意义上对其进行归纳和定义是始于 20 世纪初。当时德国包豪斯（BAUHAUS）学院与前苏联呼捷玛斯（BXYTEMAC）学院都对包括空间构成的构成学进行了研究。得益于他们的创造力和革命

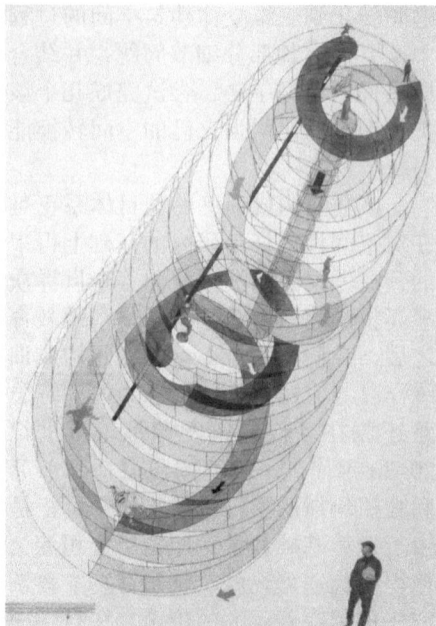

图 1.12 包豪斯构成作业 4

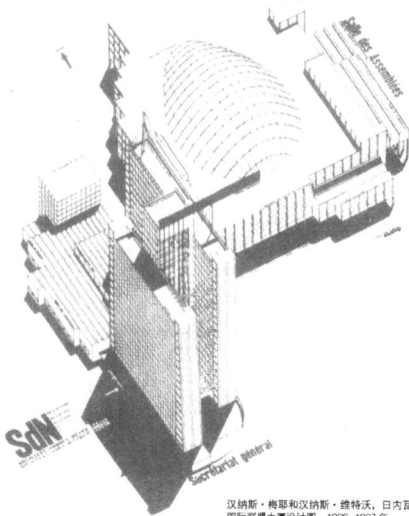

汉纳斯·梅耶和汉纳斯·维特沃，日内瓦国际联盟大厦设计图，1926–1927 年。

图 1.13 包豪斯构成作业 5

图 1.14 包豪斯构成作业 6

性，在整个学校中皆建立起了构成学的初步教学课程，这便是最早的构成训练的实践。空间构成的训练方法和内容在这两所学校中有着类似的体质与模式，学生通过循序渐进的方式亲手制作空间模型，由简入繁，从易到难，这样的路径从根本意义上说是因当时的产品设计师、建筑设计师不能适应工业革命所带来的美学变革而产生的训练方法，是积极的探索、是勇敢的创新。在今天看来，当时极富有创造性的训练课程已成为经典教学法，但是，（纵观中国的建筑空间造型理论研究的脉络，却未曾传承这一经典的模式和方法）我们缺少对空间造型的直言不讳，更缺少在隐性教学中的成套的训练方式。基于这样的情况，韩林飞教授重点研究了当年包豪斯与呼捷玛斯的空间构成教学基础体系，并收集当时所留下的一些教学作品和方法，同时也积极探求莫斯科建筑大学和米兰理工学院等世界知名设计院校的空间构成训练的教学方法和成果，力求在中国为广大建筑专业学生以及热爱建筑创作的人士提供一本原汁原味的空间构成理论训练书籍。

本书主要面向广大在校建筑学与城市规划学新生，作为你他们入校后所接受的基础训练内容，同时也将目光放在了现任的职业建筑师、规划师的身上，为在这些方面有所希望提高的人提供帮助。空间造型是建筑设计中不可规避的问题，但如本书将造型归纳为具象化的系统训练集在我国还很鲜见，同时本书也将空间这一抽象的概念彻底进行了实际的梳理整合，对建筑师的创作设计有着很大的意义。这样的教学创新与尝试具有与时俱进的现实意义，是一次改革性的、探索性的教育尝试，对于丰富我国现代建筑的基础教育意义重大。

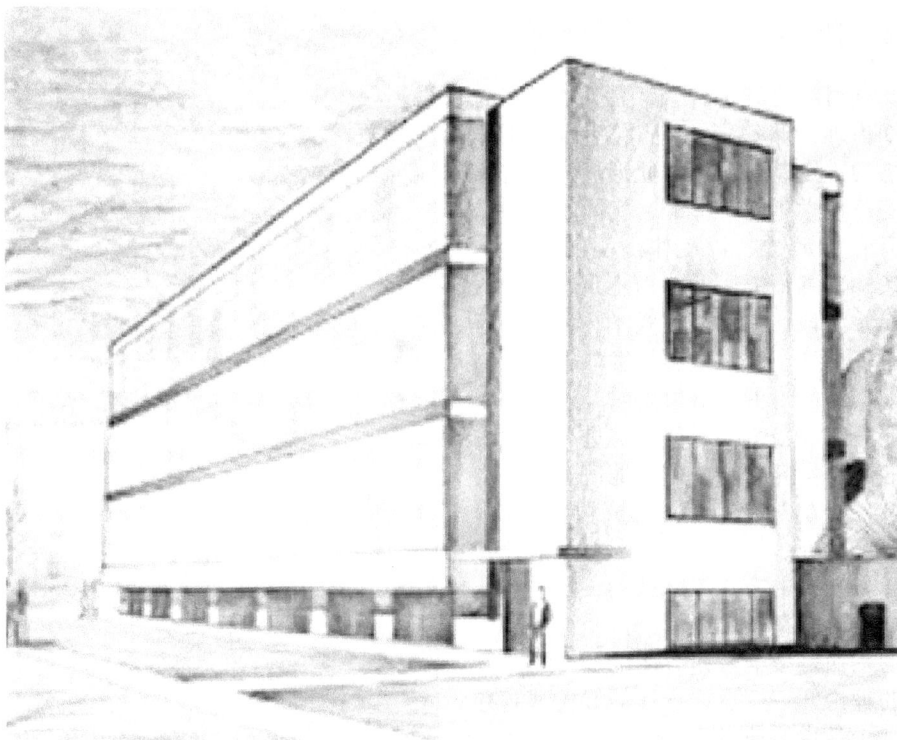

图 1.15 包豪斯建筑设计作业 1

图 1.16 包豪斯建筑设计作业 2

IDEAS & METHODS

思路与方法

　　刚刚进入大学的新生在经历了多年的中学学习训练后，形成了较高的文理科综合知识背景，具备了丰富的知识理论储备，也具备了客观分析事物的一定基础，而与此形成鲜明对比的，是学生在具体的、实际的动手能力上有所欠缺，以及对于感性的表达、认知、感悟方面的能力不足。大学的起始阶段，特别是建筑学、设计学等对多方法、空间造型、发散思维等要求较高的专业，恰恰是对于这方面的能力拥有极大要求的，在进入大学之前，学生充分地、完全地适应了应试教育的方法方式，容易形成思维定式，寻求"唯一解"，甚至形成了惰性，学习知识的方法极其被动，导致学生缺乏探索精神，习惯于接受约定俗成的东西，接受棱角分明的、非此即彼的理论知识，也许这样的方式可能有利于学生迅速对于大量知识的记忆和掌握，但并不适合在大学中对研究领域的探索发现，也限制了学生的创造性，对于建筑城规与设计学领域的学习是十分不利的。

　　空间构成这一门科学理论是在建筑学的基础理论学习中提出的，是基于心理学、哲学以及美学所创造出的造型课程，区别于学生在高中学习的课程，对于空间造型理论的学习不能靠死记硬背，更不能靠简单地对空间形态进行模仿和记忆，而需要在充分理解空间形式的基础上此进行原发性的探索，这样的训练模式结合学生的实际动手能力，才能让理论和实践更良好地结合。针对进入学校的新生对建筑空间构成概念的困惑，我们首先要让学生建立正确的空间构成概念，这种概念的建立并不是在纸面上的、知识上的，而是在思想上建立一种对空间构成的正确认识，这一概念是过程式的形成，概念的建立就需要对新事物的反复实践与总结，空间构成也不例外。我们的思路就是要让学生通

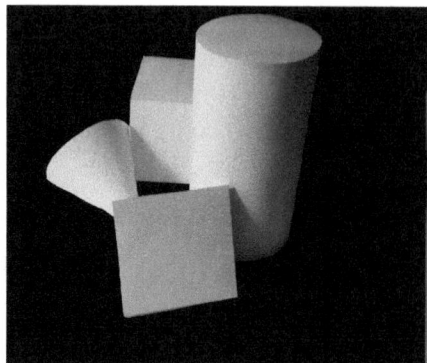

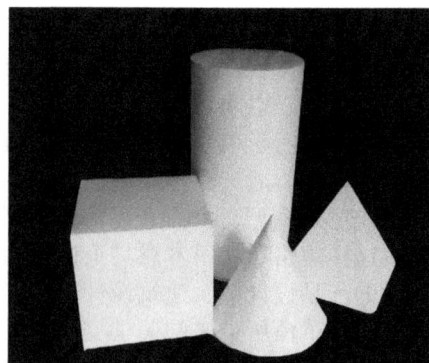

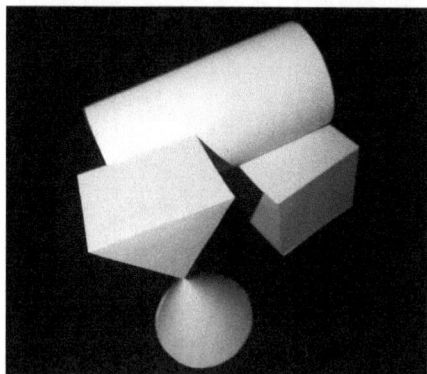

图 1.17 空间基本形体

过一步步的训练来建立概念，训练的过程也是对空间概念的感知，让学生能够从这样的训练中获得良好的造型能力。

　　在空间构成训练的具体教学中，应对学生进行引导从而形成对空间的基本认知，不能仅停留在被动接收的阶段，要让学生亲身理解与体会，积极地、主动地去探索其中的规律和内涵，认知"抽象"与"立体"的实质，并通过将具体建筑进行抽象后得到的空间构成的动手训练，培养学生在空间构成方面的逻辑和创新思维的能力。具体教学训练方法总体思路归纳如下：

　　第一：感知空间中的基本形体

　　空间构成训练的基础在于体量之间的关系。体量关系在建筑设计中，是对直觉起最大作用的并且经常遇到的问题，因而在训练之前我们首先要

图 1.18 平面浅浮雕

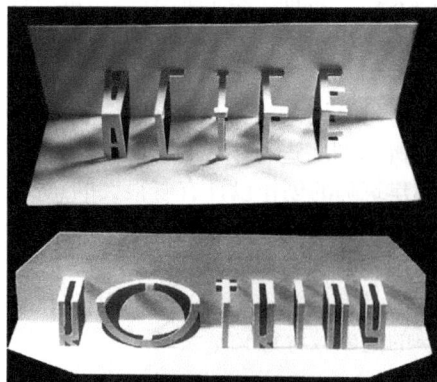

图 1.19 折纸造型

让学生掌握一些最基本的空间造型元素。这样一来，不仅让学生掌握了基本设计元素，更在将来复杂的形体制作分析过程中，能将其重新拆分成基本元素以简化认知过程。简单的几何型体包括立方体、三棱锥、圆柱体、圆锥体等的基础几何体形，制作这样形体实际是用二维空间的纸折叠成一个空间的形体，为何不用较大的空间形体直接切割成目标形体，这主要是为了训练学生的空间思维能力，尤其是二维向三维变化的空间思维能力。例如在立方体的制作过程中，我们需要在制作之前将其各个面绘制在纸面上，并计划好各个面在空间上以怎样的方式进行连接，种种细节都增加了制作的难度，也培养了学生的空间脑力。除此之外，制作数量较多的简单几何形体，而后可以通过不同体型的组合方式来研究多个物体之间的空间联系。

第二：由浅浮雕开始初探空间

在由平面向空间变化的过程中，浅浮雕是最能体现其基本变化形式的，不同的浮雕类型有着不同的空间效果，也有着独特的艺术效果。在这一训练中，我们主要通过浅浮雕的形式来引导学生进行动手练习，引发学生的创作热情，将折纸作为一种辅助手段，在重复中求变化，统一中求韵律。浮雕训练的过程可以分为直线浅浮雕、曲线浅浮雕、镂空浅浮雕、字体抽象浅浮雕等类型的训练，利用二维纸面通过切割、划痕的形式制造前后凹凸的变化不仅仅需要精细的制作工艺，更需要对所用材料的伸缩性质的了解和掌握，只有这样，学生才能走出单一模仿的形式而渐渐掌握浮雕的真正空间艺术。

第三：转折中的空间构成

转折空间是连接平面立体化与空间形体之间的桥梁，是在90度折角的空间内进行形体的变化，两个平面上的空间联系是对空间构成艺术的进一步扩展，训练本质是对学生的建筑立面空间处理能力的提高，也是进一步进行空间转角训练的基础性训练，通过对具体建筑、抽象建筑和字体的造型训练提高学生的造型能力和空间审美水平。在三维空间内设计立面不同于单纯从平面的角度出发来讲，空间的表现力将远远高过平面变体的感染力。

第四：空间转角上的造型

单一空间体量的变化在建筑的造型设计中是十分重要的，它的本质是在打破完形后依旧要获取符合

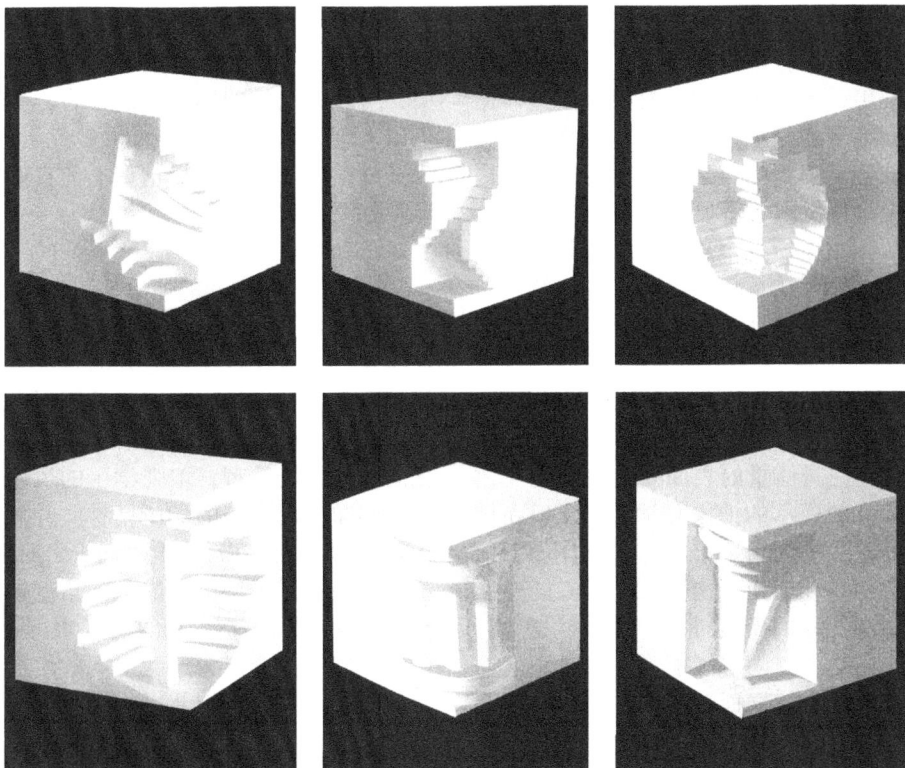

图 1.20 立方体转角

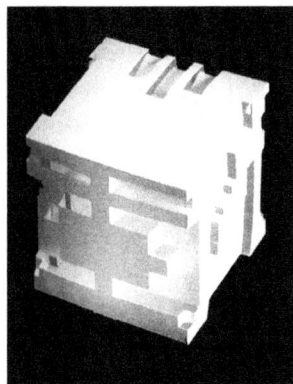

图 1.21 空间立方体

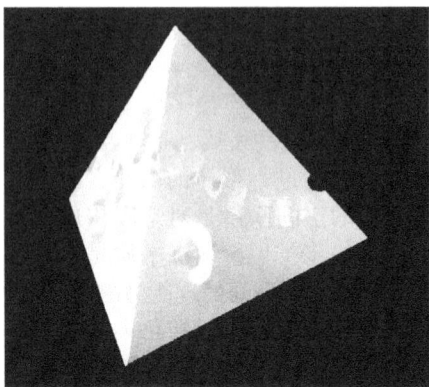

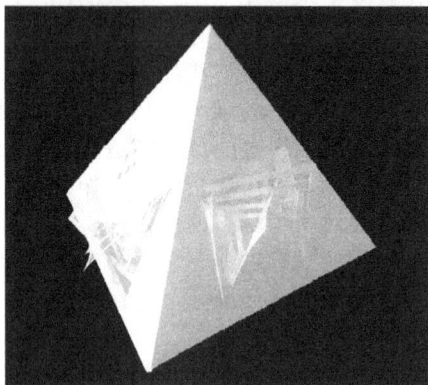

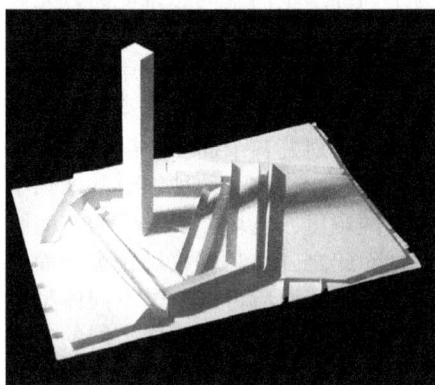

图 1.22 体形表面处理

图 1.23 广场空间

主观美感的造型特征，对整个建筑的体量的分析研究也具有十分重要的意义。本训练分为三个章节，由 1 个转角的训练过渡到 3 个转角的训练，转折训练之后，一个角的形体训练已经可以让学生们更好地入门，两个角的空间构成训练需要学生处理至少三个面内的空间关系，任何一个角的变化都不是单独的，更需要学生动手之前的细节设计，而三个角的立面空间处理要求学生在风格手法的统一中，展现各个角的独特造型特征。多个角的造型训练是为空间体的造型训练打基础。

第五：空间"体"的造型感知

空间"体"的概念是经过一定训练后必然得到的结果，它涉及的是整个体量中各个角的美学处理，而经过处理之后，整个体量的空间感恰恰展现出了各个细节的有机衔接。这样循序渐进的训练模式最终将整个立方体的各个角度的美学特质表现出来，这个训练要求设计制作者在制作之前就从整个体的各个角度来思考其造型特质，各个角的处理不仅仅要风格统一，更要将体块的体积感表达出来。

第六：空间体块的表面处理

空间体量的表面处理更趋近于建筑立面展示的抽象美学训练，旨在培养学生更为精细化的动手制作能力和空间设计能力，这要求设计者能够以空间三维的模式对该转变进行思考，对学生的空间思维能力有着更高的要求。建筑的立面造型中开窗、开洞等造型手法占了很大的比重，如何将这些具体的造型做好十分重要，这一训练将二维镂空的表面处理带入到空间中，与之前的体的转角训练结合，就可以将整个体块造型设计得更为完善，为开发学生在建筑体量造型上的良好审美打下基础。

第七：广场空间的抽象感知

这一训练针对建筑之外的开放空间的造型展开训练，在对具象图形深入研究的基础上，设计出一定的风格化的抽象广场造型，增强学生的尺度感，感知城市类型的场所精神。开放空间的训练已经在尺度上不同于之前，这是以一种近乎城市感的空间角度进行思考设计的，城市广场的地面、围墙、台地柱廊等都会成为这一空间的组成元素，对应的建筑细节也将在更大空间内得到释放，让人们从其中感知各种各样的空间美学。例如：将折线作为场所空间的主题，那么制作过程中的设计意向和构成元素都应当与此呼应。设计从总平面着手，其中点、线、面的关系合理明确，产生一定的美学的抽象意义，而后在空间制作的过程中，应当分清构图主次，在空间中有统领也有掩映，使得建筑场所的核心特质得到体现。

第八：建筑实例空间分析

在空间构成抽象训练中，学生需要对实体建筑进行抽象空间构成分析来掌握真正的建筑与空间造型之间的联系，需要通过空间分析来培养学生对建筑设计过程中的空间形式美的感知。本训练以不同类型建筑的练习，让学生根据建筑的低层到高层、现代到当代的发展，更好地梳理建筑造型不同类别的关键，最终希望达到的是

通过由易至难的，循序渐进的八个步骤的训练，大一入学的新生从对于空间没有认知渐渐变为对于空间具有基本的分析、造型与构成能力。在这一过程中，同时也培养了学生的动手能力，不再仅仅停留在纸面上、现象中，而是将所想到的构成、造型进行了实际的"生产"，从而为今后对于建筑实际设计中遇到的空间构成打下了良好基础。

图 1.24 现代建筑空间构成

在各种环境下学生都有一定的空间处理能力，并以此为基础，在平日里能更多地拿不同建筑进行分析训练。

习题与学生作业

EXERCISES & PRACTICES

培养目标

体量关系是建筑设计中在直觉上作用最大并且经常遇到的三维形体问题。体量关系不单指建筑的天际线和立面，它是建筑作为整体的感觉形象。设计最后确定的体量关系，并不是由三维空间形态这一个方面决定的，它还取决于其他的一些方面。作为一种设计构思，分析体块关系这一项，对于分析单元与整体的关系、重复与独特的关系、平面与剖面的关系、几何关系、加法和减法以及等级关系等各方面构思都起着加强的作用。本练习主要培养学生对不同形态的空间升起的理解，培养学生从大局出发的思维。

解题思路

本练习通过从抽象思维到具体形态的空间转化来加强学生对空间的进一步感知。如左图所示，学生可以通过折纸的方法，创造不同形态的体块，感知由平面形状生成空间体块的升华过程，相当于由平面图向轴测图转化的进程，并学会从整体上设计空间形态而非单一从平面图中创造空间形式。具体做法如右下角图例所示，将卡纸按图示方法折叠，形成体块，在学生动手过程中加深对初步体块的理解。

习题 1：空间形体的原型

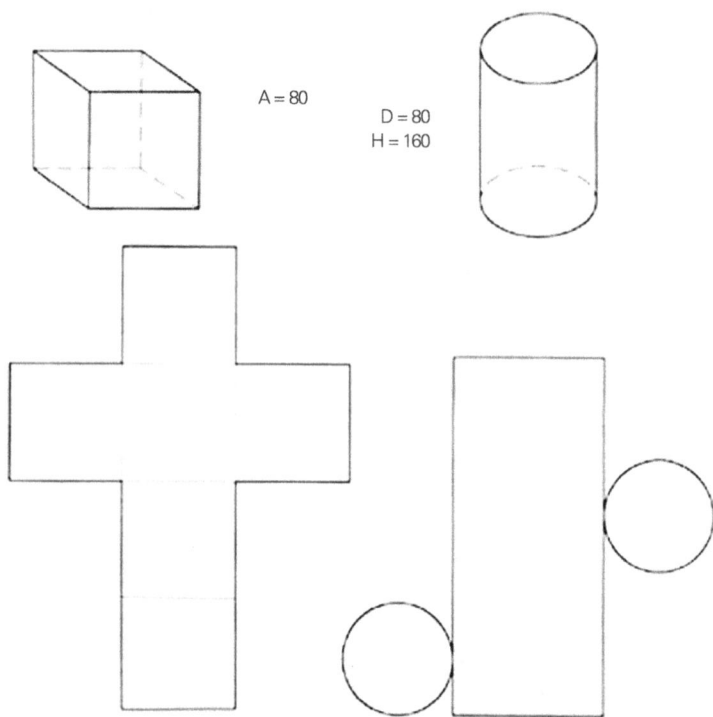

A = 80

D = 80
H = 160

图 2.1 空间形体原型例题

学生示范作业

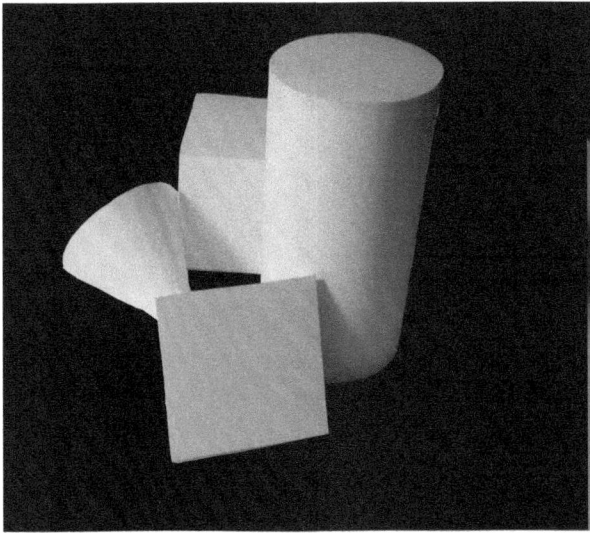

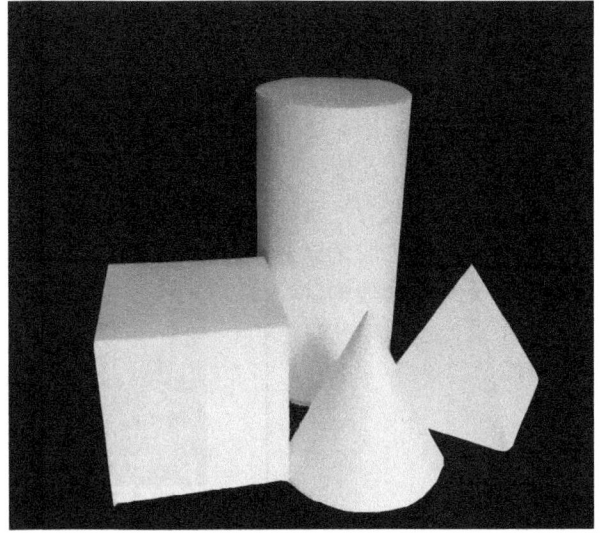

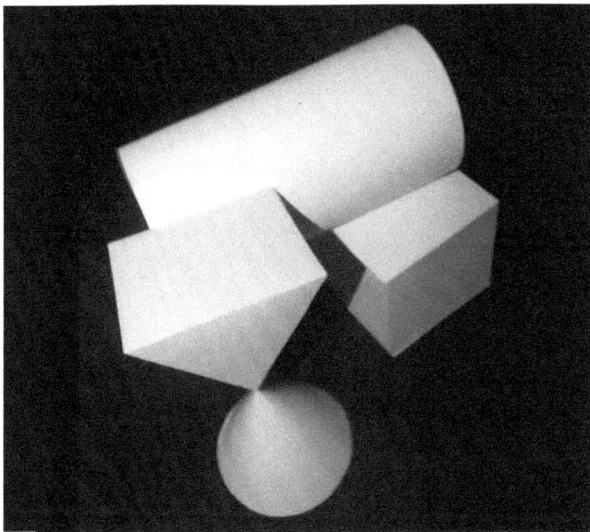

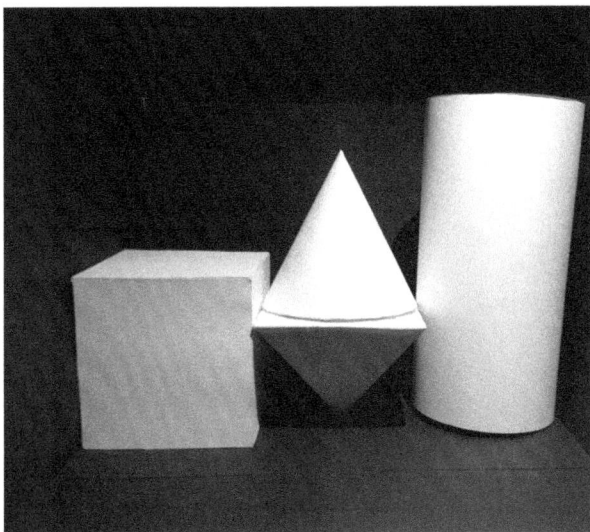

图 2.2 空间形体原型作业

培养目标

将折纸作为一种辅助手段，在重复中求变化，统一中求韵律。本练习就是依据该思想，通过折纸练习，培养学生在重复的形态中创造变化，在统一的模式中创造韵律的能力，通过纸面浮雕的深浅变化加深学生对平面中凹凸空间的理解，关注折叠对于设计过程本身的指导和独特性。

解题思路

初步练习阶段可按左图图示方法进行纸张的折叠，注意折纸尺寸的大小、比例的适宜、形态的美观、折叠线折起的方向。熟练掌握之后，可按照个人喜好及灵感来源进行其他的深入练习。

习题 2：平面浅浮雕（直线构成）

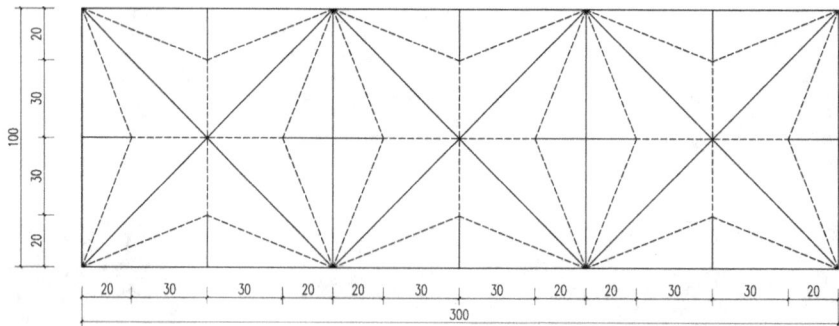

图 2.3 直线平面浅浮雕例题

学生示范作业

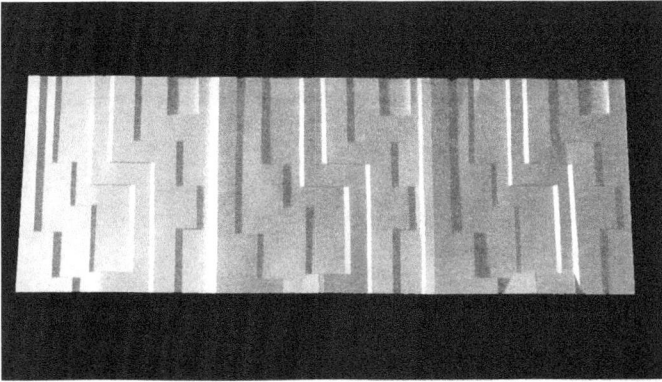

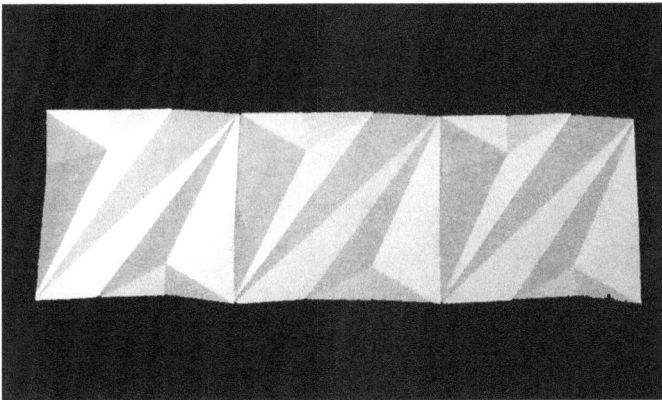

图 2.4 直线平面浅浮雕作业

培养目标

曲线浮雕的变化较直线更为复杂和多变，能够更好地训练学生们的精细化制作能力，在处理浮雕的直线和曲线的衔接以及曲线本身的舒展过程中培养学生趋近自然而抽象的审美观念，在光影下，曲线构成的面所带来的光影变化使整个浮雕所表达出的语言更为丰富，这样能更好地辅助学生理解多重构图的空间感。

解题思路

在进行这个训练之时，学生应当在制作前期将辅助工作做好，在制作过程中注意弧线与直线的衔接处理，使之尽可能平滑。在对这一作业有一定的掌握之后，学生可以通过自己的喜好来制作其他类型的作品。

习题3：平面浅浮雕（曲线构成）

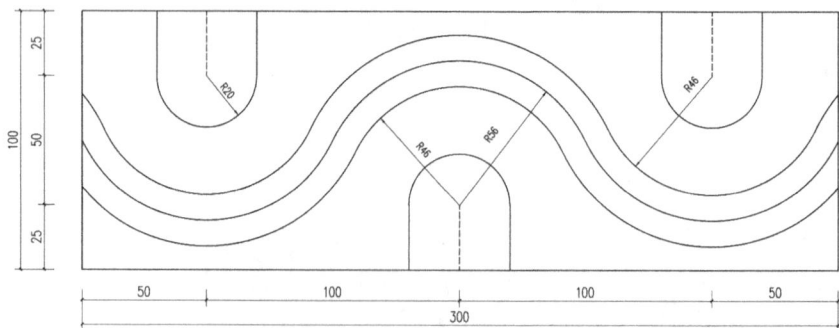

图 2.5 曲线平面浅浮雕例题

016

学生示范作业

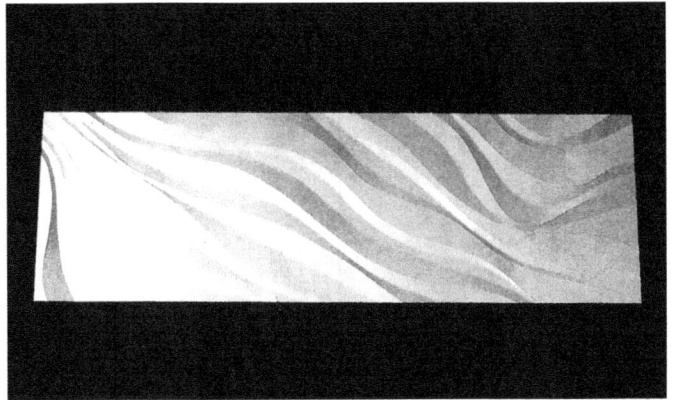

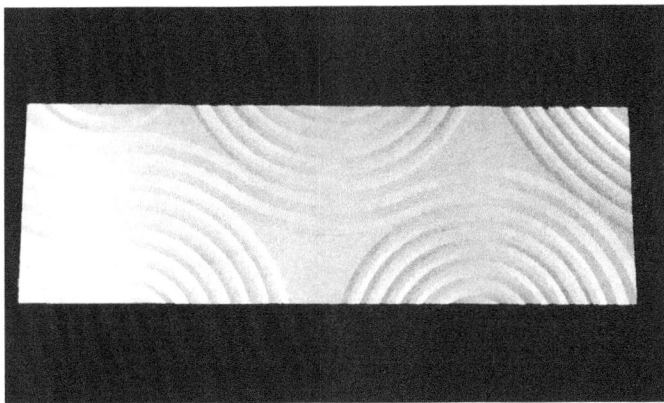

图 2.6 曲线平面浅浮雕作业

培养目标

在设计方法纷繁多样的当代，折叠作为形式语言的一种频频出现，对建筑的空间、结构、组织方式等产生了积极的作用。它既能在属于中国文化自己的形式美上引起共鸣，又能满足当下对建筑功能在人性化方面的探索。折纸折叠的操作强调一种自下而上的设计思路，是赋予设计不可预知的创造力的一个新生途径。

解题思路

右图所示，均为学生的平时作业，在练习时，同学们可按照左图的平面形态自行理解其折叠步骤，通过灵活运用折叠、打褶、弄皱、按压、刻痕、切割、推拉等手法进行折纸形的创造。

习题 4：平面浅浮雕（镂空构成）

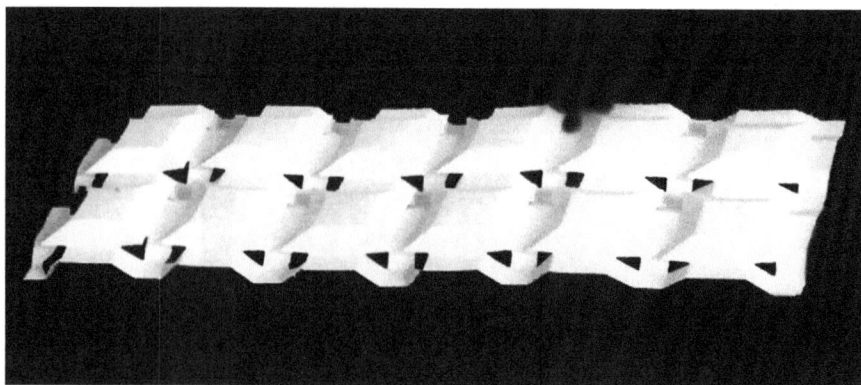

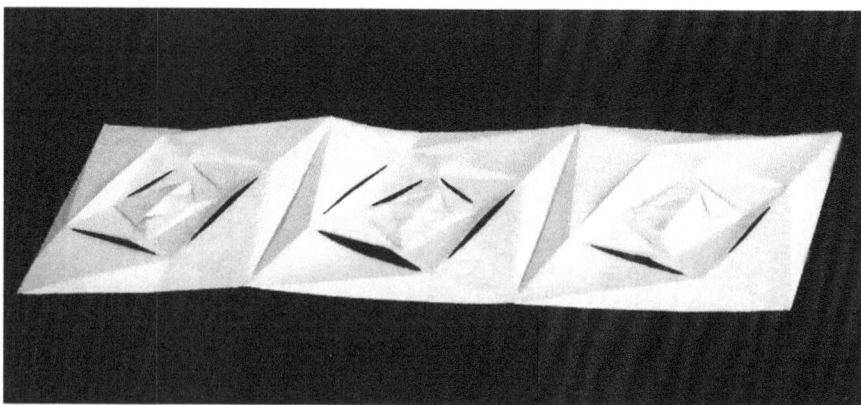

图 2.7 镂空平面浅浮雕例题

学生示范作业

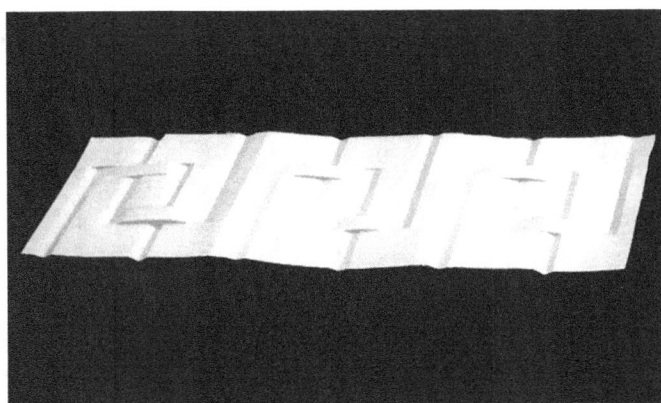

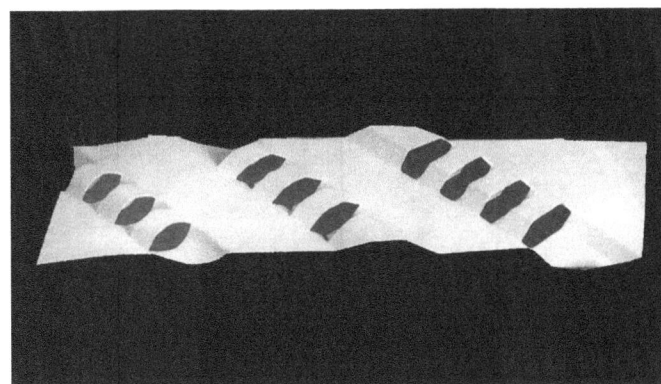

图 2.8 镂空平面浅浮雕作业

培养目标

纸面浮雕可以看作平面上雕出凸起的形象的一种雕塑。所谓浮雕,是雕塑与绘画结合的产物,用压缩的办法来处理对象,靠透视等因素来表现三维空间,并只供一面或两面观看。浮雕一般是附属在另一平面上的,因此在建筑上使用更多。它主要有神龛式、高浮雕、浅浮雕、线刻、镂空式等几种形式。该练习是对纸面浮雕的初步应用,利用之前所述创造浮雕的方法,以字母的形式进行组合排列、切换形态,生成凹凸的感觉。

解题思路

在练习时,要注意字母的大小、位置,图面的比例、组合序列以及单体的形式,在具体操作时要注意剪切线的位置。割断程度和衔接点等要素要提前设计与构思,以便烂熟于胸,在之后的创作过程中少出差错,精益求精。

习题 5:平面浅浮雕(字体构成)

图 2.9 字体平面浅浮雕例题

学生示范作业

图 2.10 字体平面浅浮雕作业

培养目标

如果说独特是在同一个层次或种类中与众不同的一个，那么只有在同一个层次中进行比较，才能辨别哪些属性使独特的部分与众不同。同时，重复和独特也要在一个共同的参照系内，才能联系在一起，确定建筑的各组成部分是重复还是独特，要根据其属性。针对该练习，将之前各个字母练习综合到一个面上进行整体设计，在设计时，要充分考虑彼此之间的联系，比如字母的大小、图面的比例、各要素的围合及位置关系。

解题思路

通过改变构图元素的形状、尺寸、位置、数量等四个方面，组成一个立面的构图，体会各个构图元素之间和谐统一的关系，通过浅浮雕的方式来完成左图所示的设计。也可改变字母的类型、位置、大小、围合方式来创造2~3个新的立面构图。

习题6：平面浅浮雕（字体构成法则）

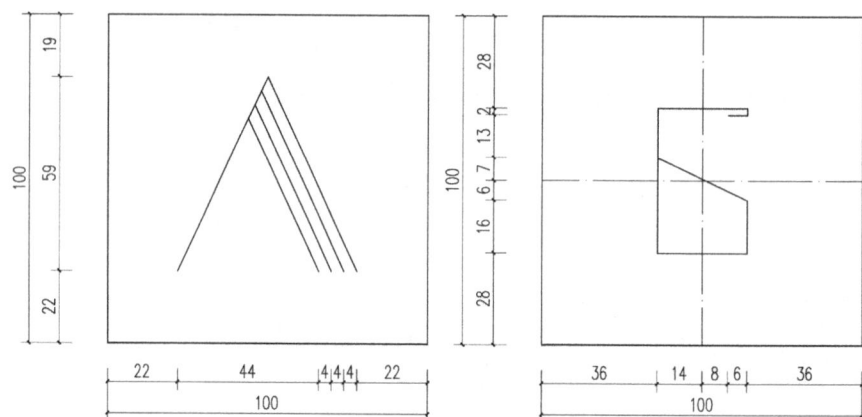

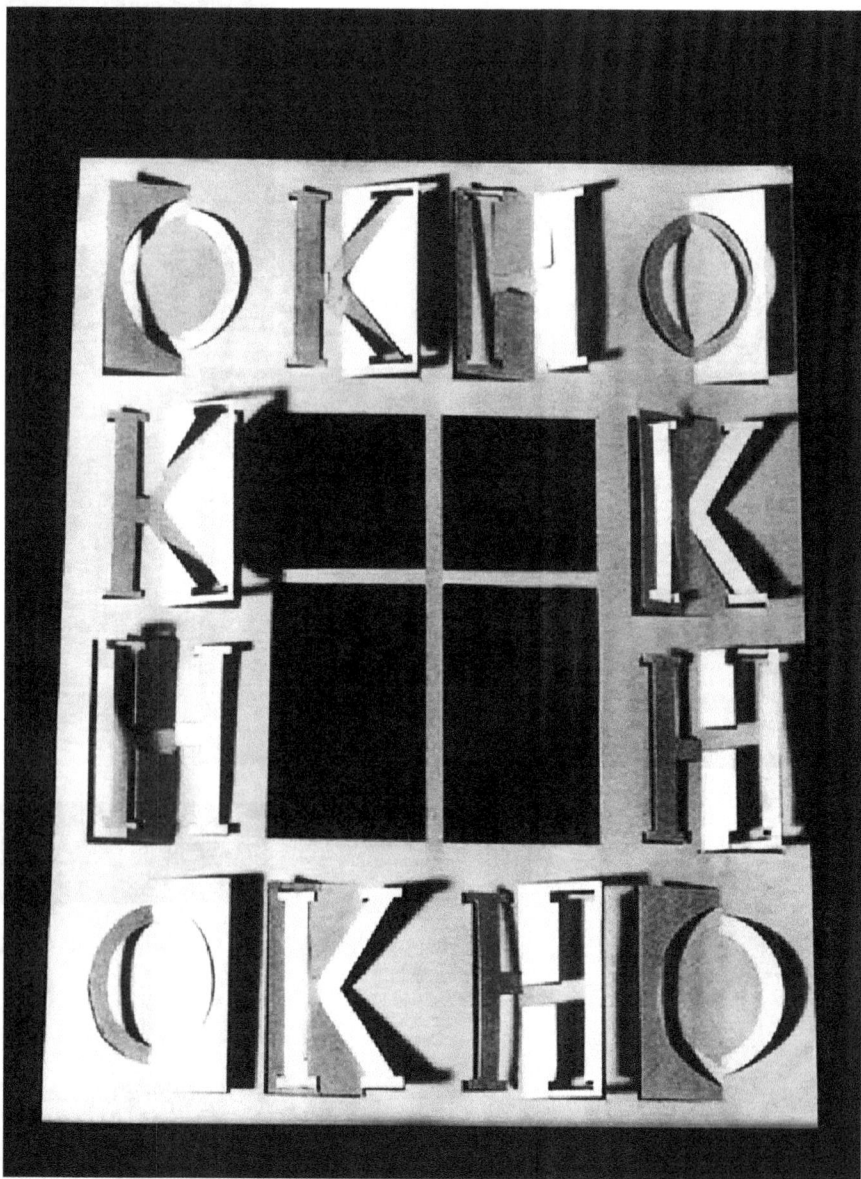

图 2.11 浅浮雕字体构成法则例题

学生示范作业

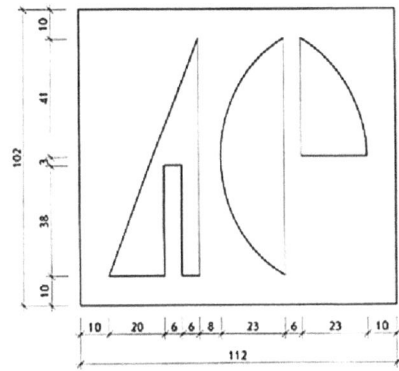

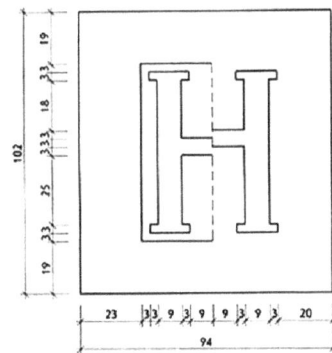

图 2.12 浅浮雕字体构成法则作业

培养目标

折纸折叠的操作强调一种自下而上的设计思路，是赋予设计不可预知的创造力的一个新生途径。通过该练习，能较好地掌握拼贴的技术，结合折纸的手段，可以很好地提高个人的审美能力、空间思维能力，并学会从单一的平面构成向多维的立体空间进行转化。

解题思路

从审美的角度出发，在重复中谋求变化，在变化中谋求统一，在统一中谋求整体的和谐和韵律感。通过对各线形的穿插、交织、拼贴，形成不同的视觉感受和风格各异的效果，还可以改变各字母中线条的排列方式及线形，用不同的手法，创造 2~3 个富有个性的构图。

习题 7：平面浅浮雕（直线字体构成）

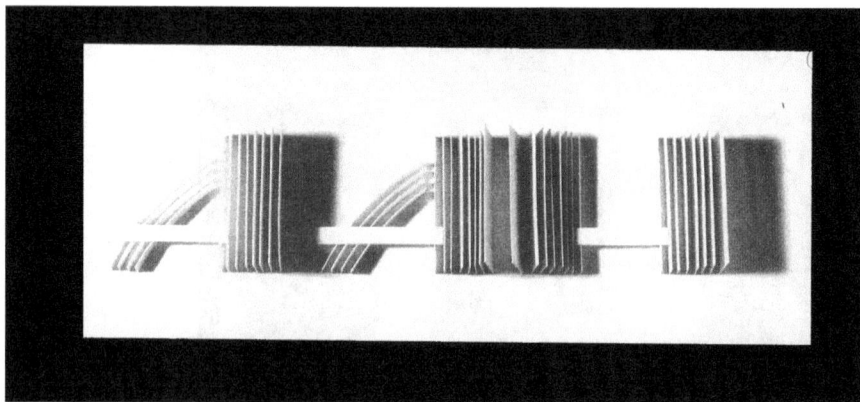

图 2.13 直线字体浅浮雕例题

学生示范作业

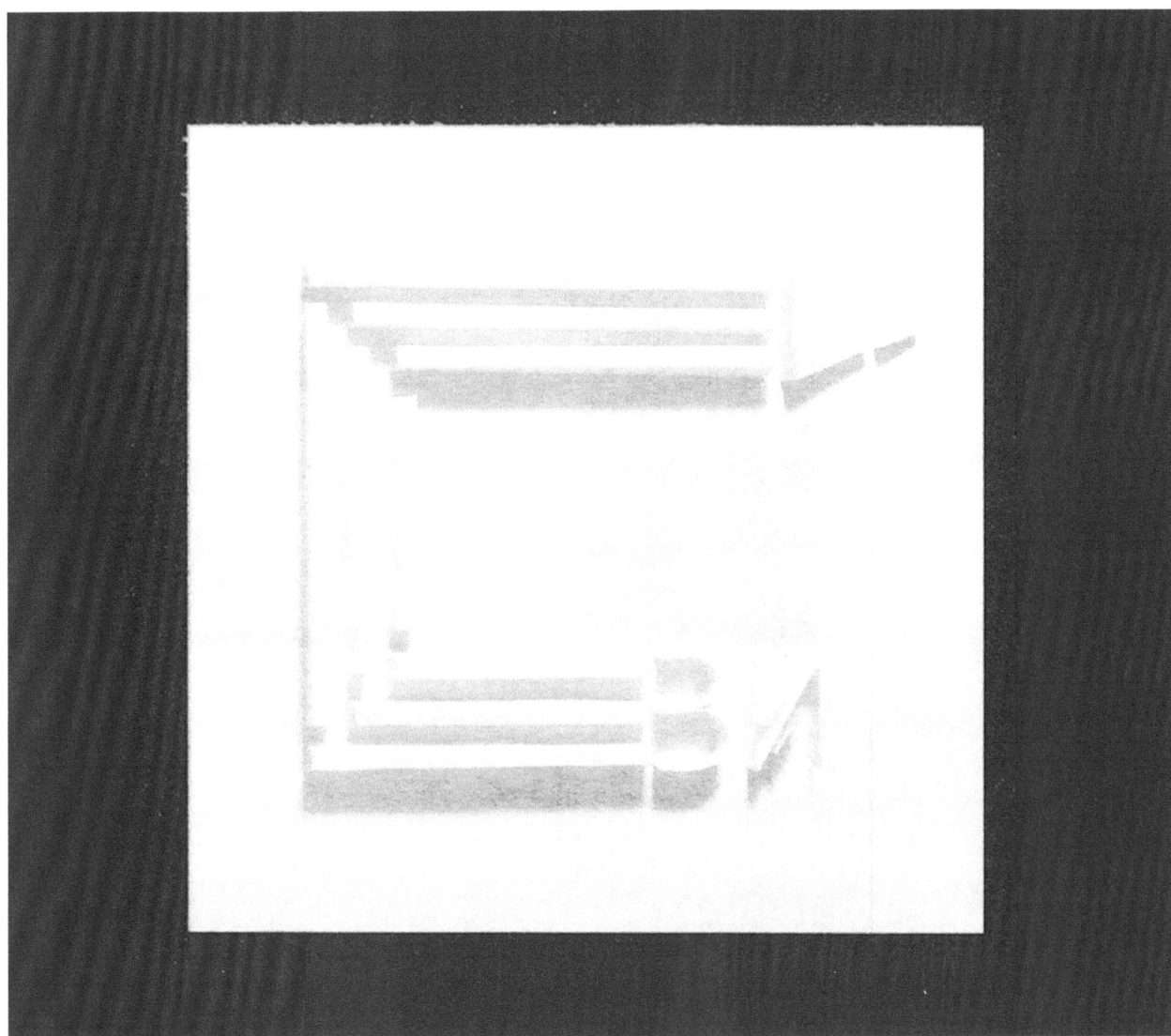

图 2.14 直线字体浅浮雕作业

培养目标

字体曲线的训练是在直线基础上进行的变化更为复杂，也更为贴近真实的一种美学训练，作为空间构成的基础训练部分，曲线字体亦是一种抽象的图形感知，这样的训练能够更好地让学生从文字角度的图形化来提高造型能力。

解题思路

将字体抽象成曲线的构成图案，难点在于直线与曲线的合理交接，更应注意的是，各个字体之间进行有机组合，方能创造出良好的整体抽象形态。

习题 8：平面浅浮雕（曲线字体构成）

图 2.15 曲线线字体浅浮雕例题

学生示范作业

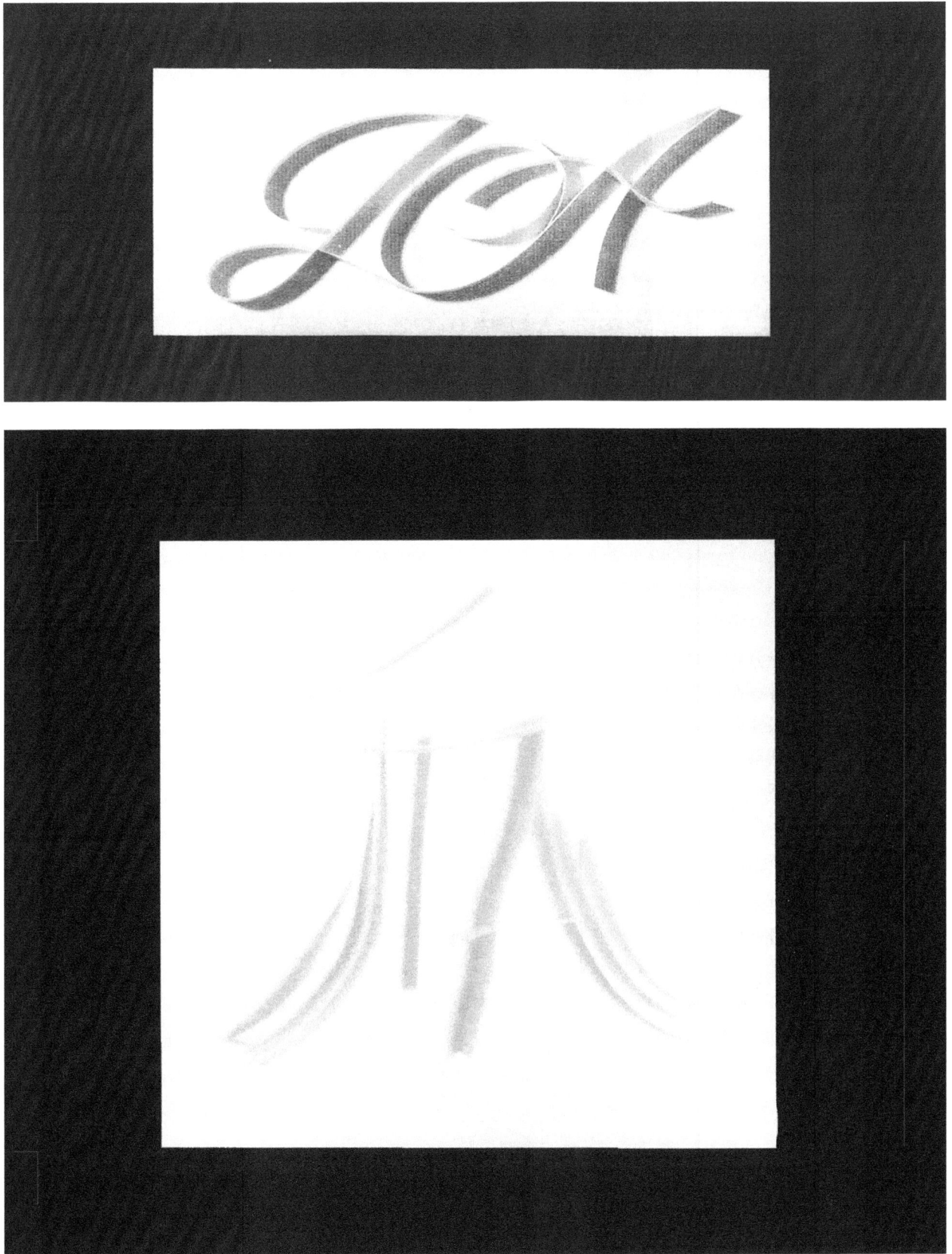

图 2.16 曲线字体浅浮雕作业

培养目标

　　该练习着重培养学生在多维空间内设计立面的能力。将二维空间的设计转化为三维空间，创作及理解难度较之前的习题有所提升。引申到建筑设计中，即为在三维空间内设计立面不同于单纯从平面的角度出发，换一种手法，从模型这种立体空间的概念入手会取得事半功倍的效果。这也要求我们不断提高自己的"体积规划"理念，进而创造出更为丰富的空间形式。

解题思路

　　在做该练习时，除了结合之前习题的各种技巧，并着眼于各字母形式的变化，最主要地，还要考虑两个面之间的结合与呼应。该练习与之前习题的不同之处在于将二维空间转化为三维空间，所以同学们要合理运用各种创作技巧，以谋求统一和完整，形成对基本形态元素组合和构图变化的理解。

习题 9：折角构成（字体造型）

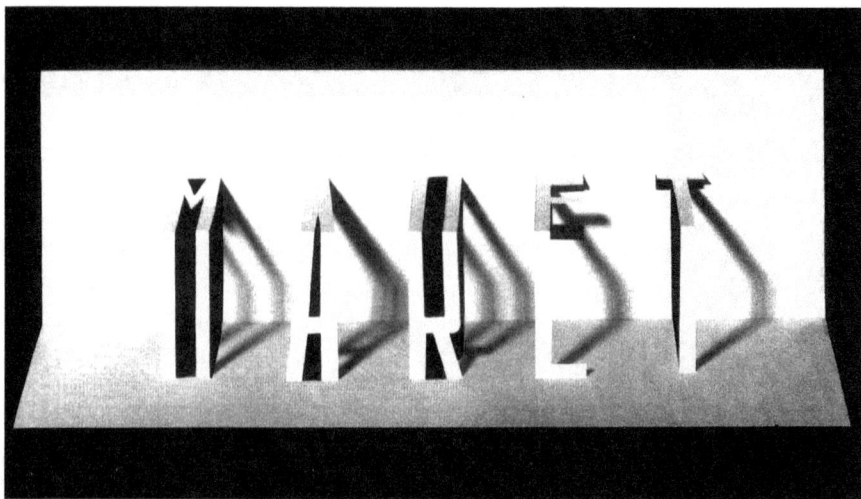

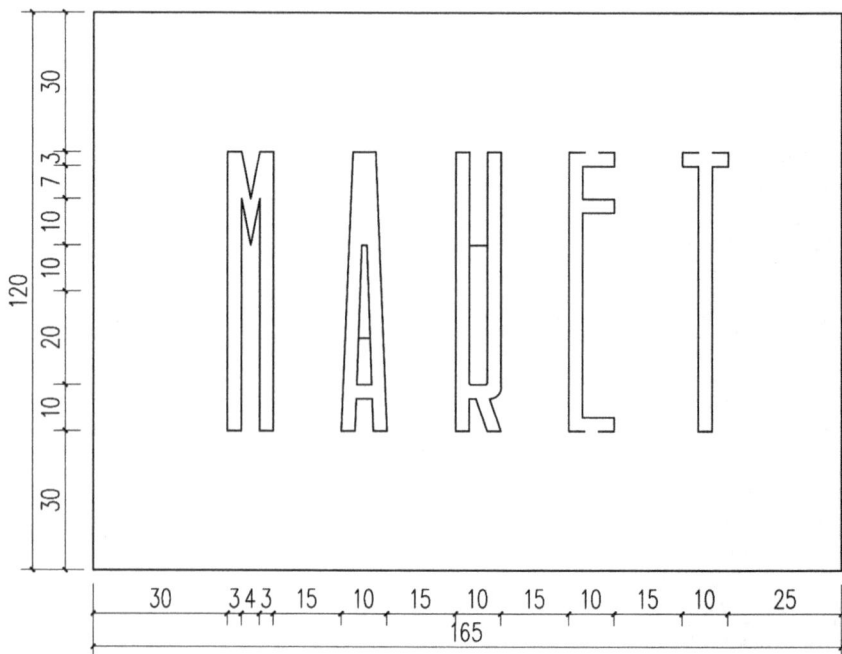

图 2.17 字体折角构成例题

学生示范作业

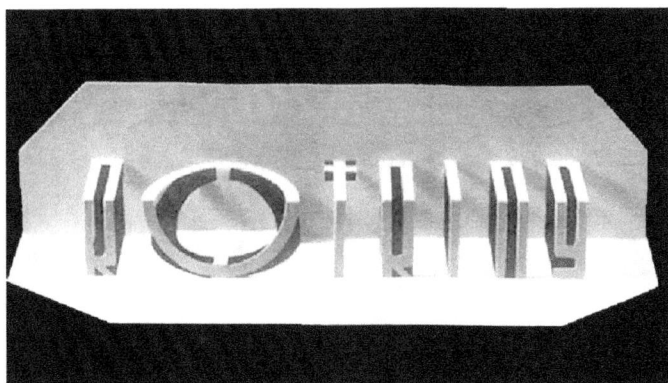

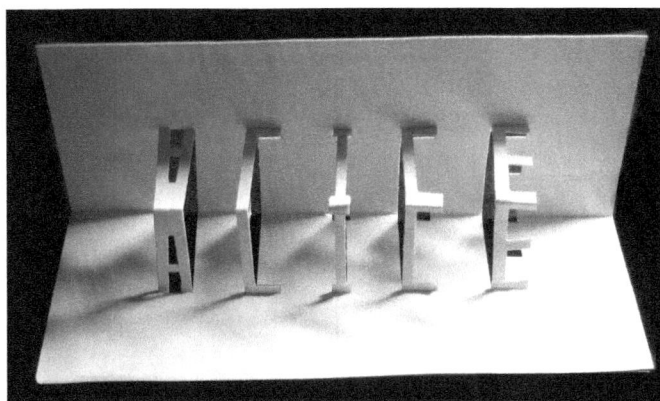

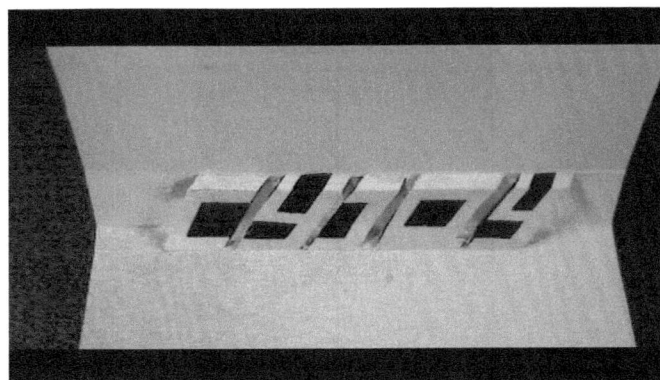

图 2.18 字体折角构成作业

培养目标

由创新型折纸手法所衍生的建筑形象逐渐成为我们所关注的焦点。折叠作为形式语言，频频出现，这对于建筑的空间、结构、组织方式等产生了积极的作用。它既能在属于中国文化自己的形式美上引起共鸣，又能满足当下对建筑功能在人性化方面的探索。该练习综合之前题目给出的基础铺垫，将各种变化后的元素按不同序列排成不同的趋于建筑的形态，组合时注意各元素的高低形态、远近关系、空间的进深、光影效果，并充分利用各种浮雕手法，以便更好地完成建筑形态的初步构思。

解题思路

同样还是利用折纸的方法，通过拧、镂空、翻转、缠绕、冲孔、安装铰链、打结、编织、压缩、使匀称、展开等不同的折纸手法，将各种元素综合到一起，在一个立面上创造最初的建筑形态，从而较好地体会不同类型建筑的空间。

习题 10：90° 角折纸构成（具体建筑）

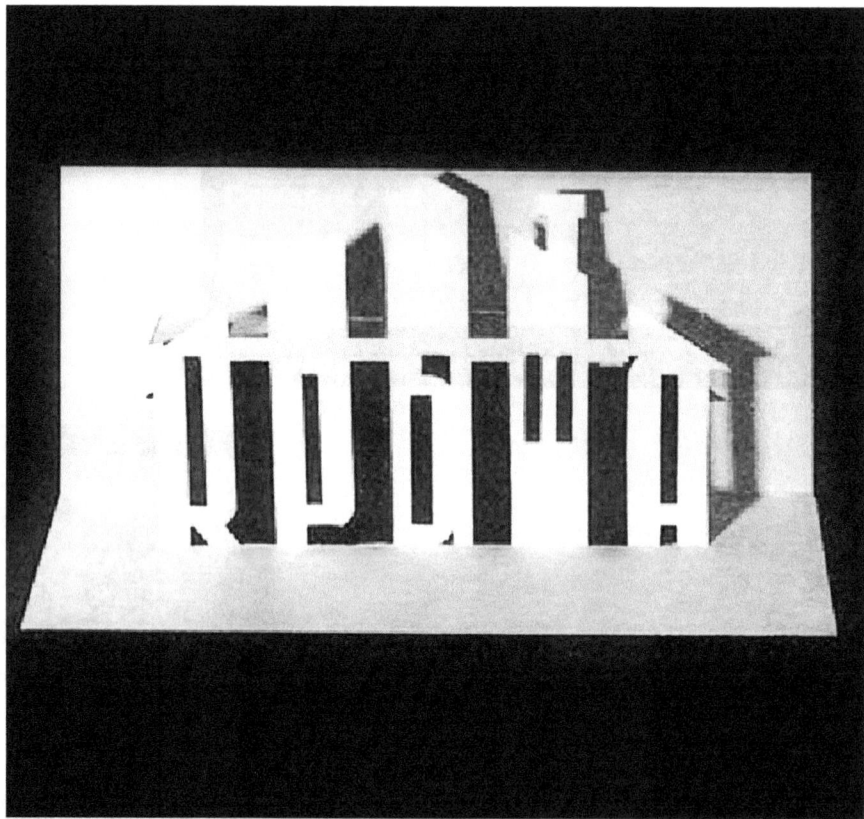

图 2.19 具体建筑折角构成例题

学生示范作业

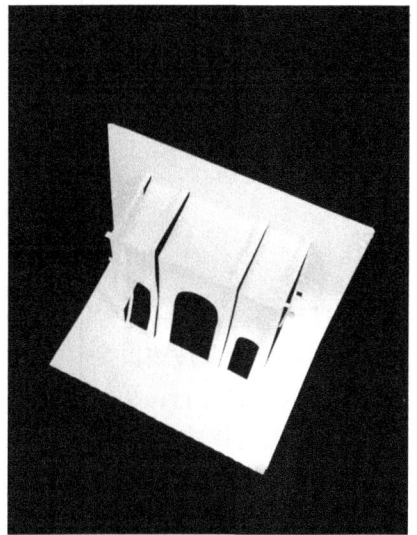

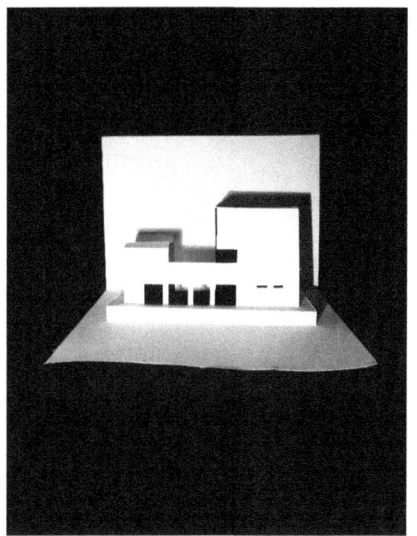

图 2.20 具体建筑折角构成作业

培养目标

相比具象的建筑空间表达，抽象的建筑形体训练是更为深化的对空间立面的训练，要求学生有较好的抽象能力，以此获得符合美学特征的空间构成图案，建筑抽象是建筑具象的逆过程，这样的过程有益于学生将来在立面具象上的创造。

解题思路

抽象的过程应当是在一定的体块变化中得到的，应当以一种循序渐进的方式进行，从整体出发再到较为具体的细节，方方面面都是可以进行抽象的部分，通过这样的过程将能制造出生动形象的作品。

习题 11：90° 角折纸构成（抽象的建筑形体）

图 2.21 抽象建筑折角构成例题

学生示范作业

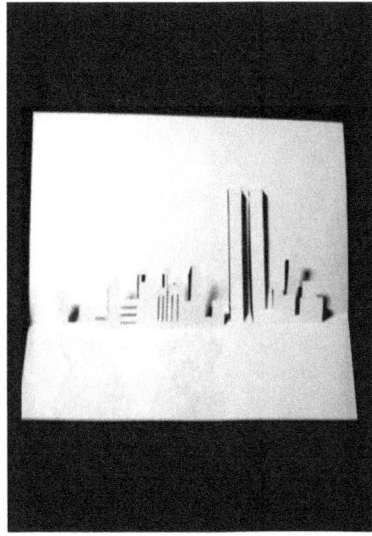

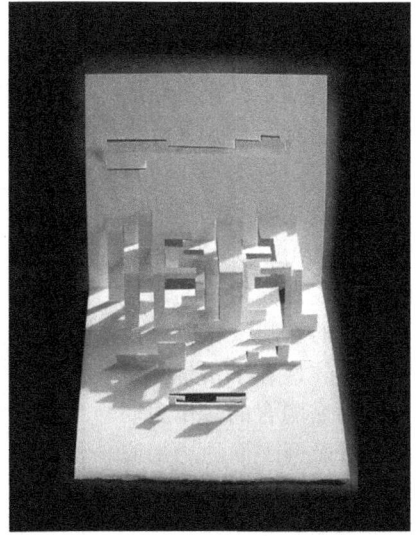

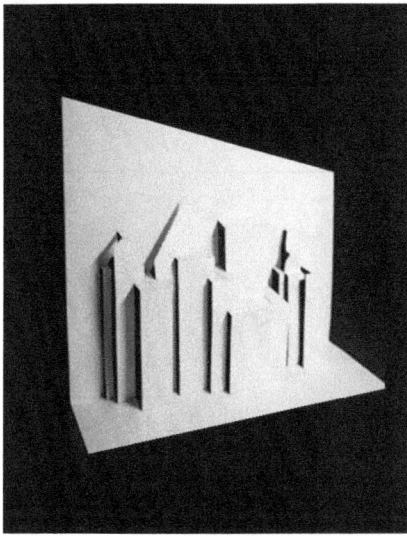

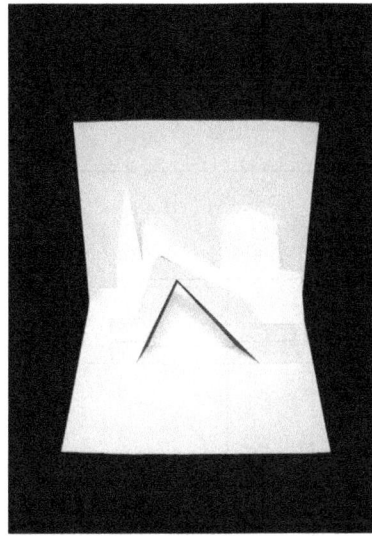

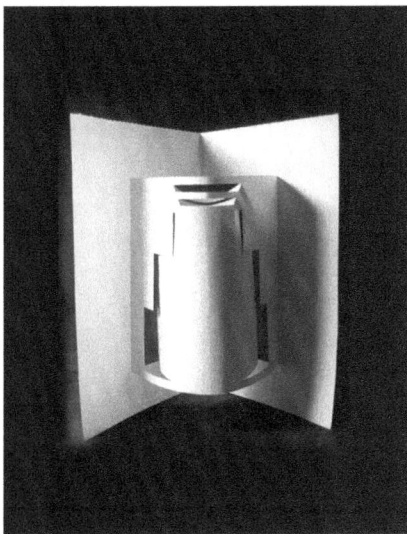

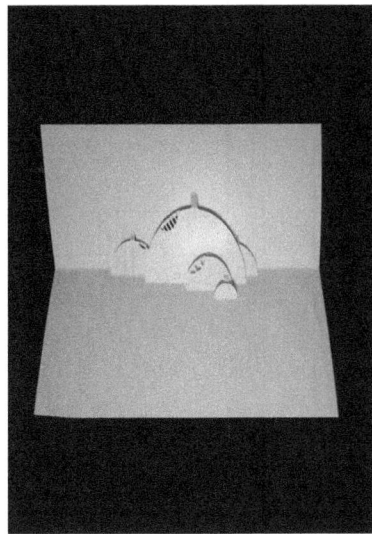

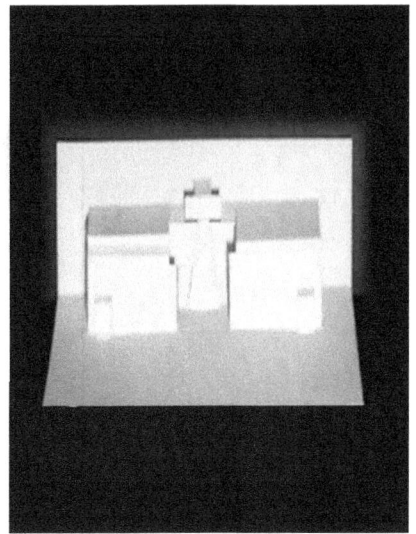

图 2.22 抽象建筑折角构成作业

培养目标

该练习主要培养学生对建筑细部的处理能力，加深对各局部细节的感知。以建筑组成要素之一的门廊为例，关注折叠的手法对于门廊形态、建筑空间、使用模式等的作用。权宜性地从四个角度来阐述即为：门廊的形式姿态、门廊的内外交接、门廊的空间秩序以及视觉空间的整体性和丰富性。门廊空间可以是隐含的，作为一个自由或者敞开平面的局部或全部，门廊也可以是单独隔开的，就像一间房子一样，如左图所示，利用折纸的各个手法，形成统一的柱廊序列。同学们通过该练习可提高对建筑细部的处理能力。

解题思路

如图所示，注意区分折叠线与切割线的不同性质，通过改变柱廊的形态、大小、数量、位置、高低、远近形成 2~3 个和谐有序的柱廊模型。

习题 12：90°角建筑细部体块的构成

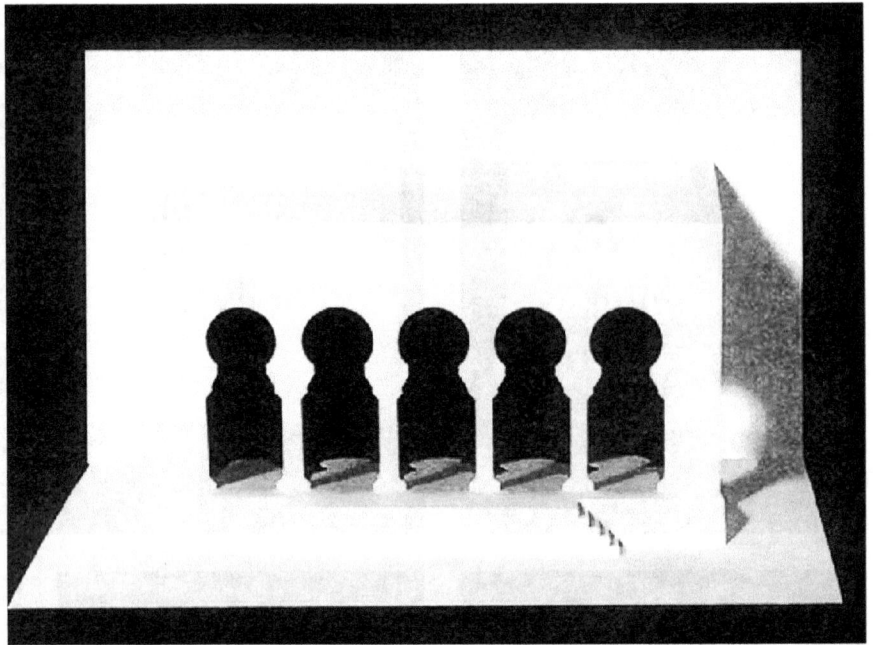

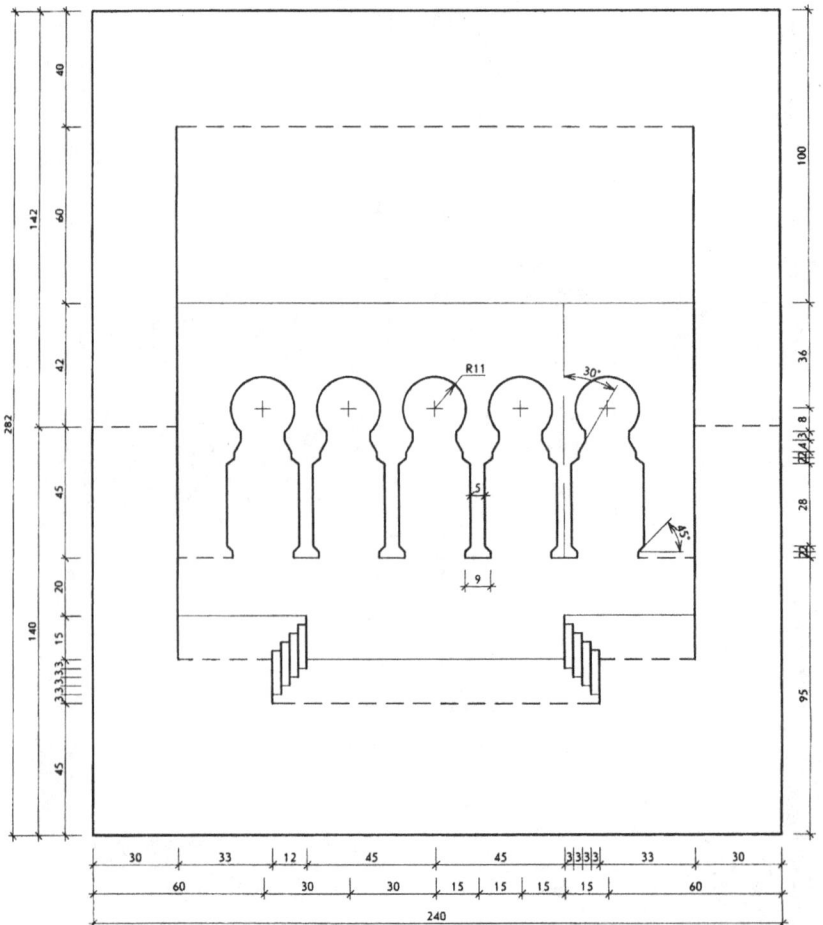

图 2.23 建筑细部折角构成例题

学生示范作业

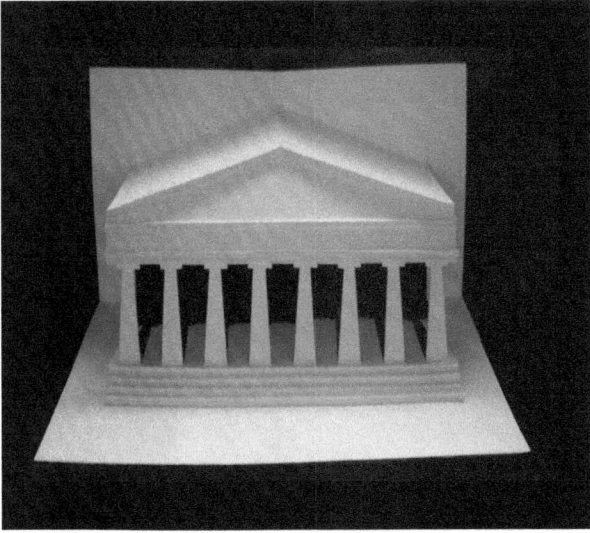

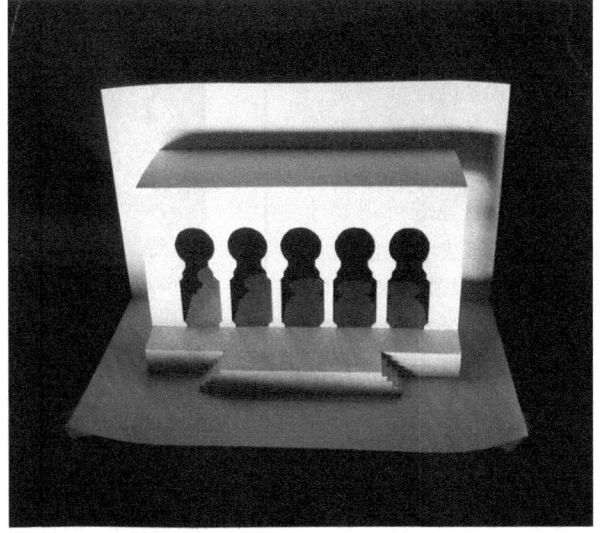

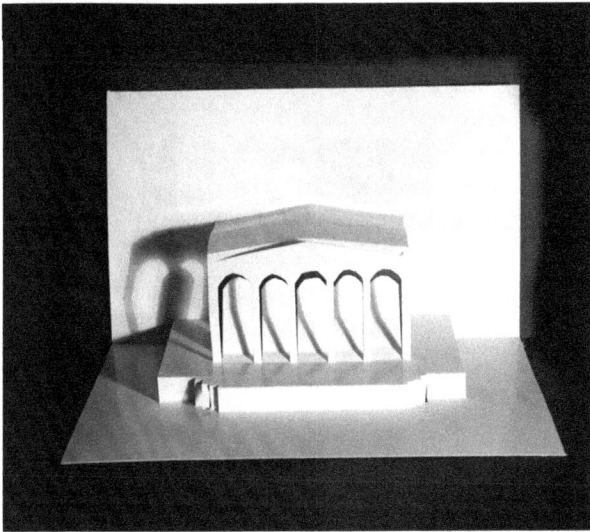

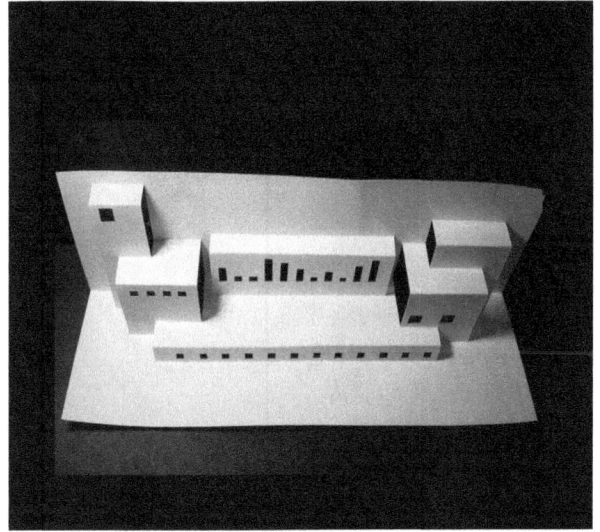

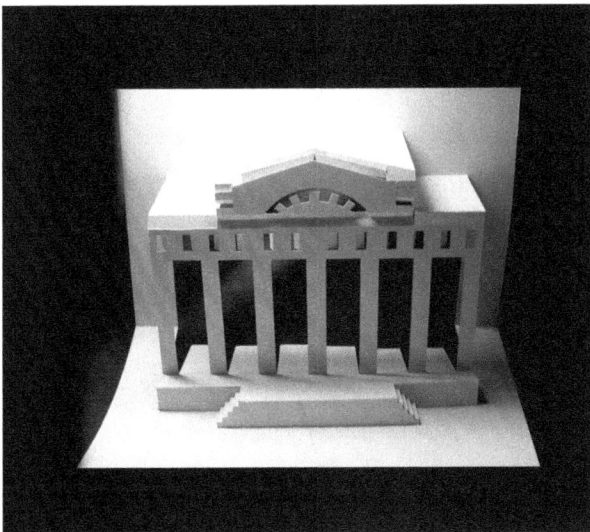

图 2.24 建筑细部折角构成作业

培养目标

建筑整体应该以什么方式连接起来，总平面应该以什么方式构成，在建筑设计中是一项非常值得研究的课题。只有通过对体量关系、立体体积、颜色和材料变化等进行观察才能了解清楚，加法和减法的构思与以下各项都是相辅相成的：体量关系、集合关系、均衡、等级关系、不同单元到整体的关系以及重复到独特的关系。该练习主要培养学生对总平面的组织及良好的设计能力，通过以上所提的各种手法，创造出功能分区明确、空间层次感分明的高品质总平面。

解题思路

用形状、大小不同的纸片代替不同的功能空间，并结合加法与减法的手段，通过重叠、穿插、切割、围合等方式将各空间进行有序的排列、组合，形成高低错落的建筑总平面，创造出丰富的层次变化及复杂的光影效果。作为一种形体构思，等级关系在建筑设计中是某一种属性，或是一些属性的地位次序的具体表现。通过对模式、尺度、形状、几何关系和连接方式等各方面的考查来确定总平面的摆放。同学们可依据个人喜好来创造 2~3 个类似于左图的总平面构图。

习题 13：平面浅浮雕（指定几何体块的组合）

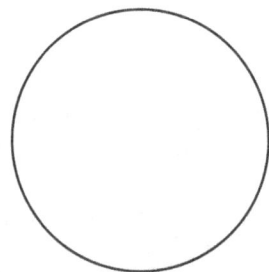

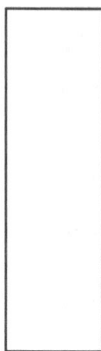

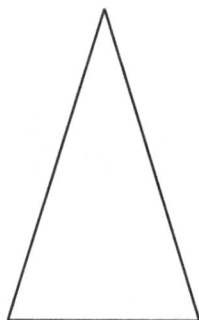

图 2.25 指定几何体浅浮雕例题

036

学生示范作业

图 2.26 指定几何体浅浮雕作业

培养目标

在进行了指定几何形体的训练之后，我们着重让学生用自己感兴趣的形体进行空间方面的整体构成，在初步掌握一定的构成图原理、前后关系的基础上，自由形体的组合更能激发学生的主观能动性，同时对学生的空间组合构图能力也会有进一步的提升。

解题思路

在制作过程中应考虑不同形体之间的组合方式以及相对应的远近前后关系，在前期对这些体量关系有一定的思考之后再来制作能够更好地使自己获得组合整理抽象图形的能力，从而在总平面设计等方面有较为扎实的造型基础。

习题 14：平面浅浮雕（自由几何体块的组合）

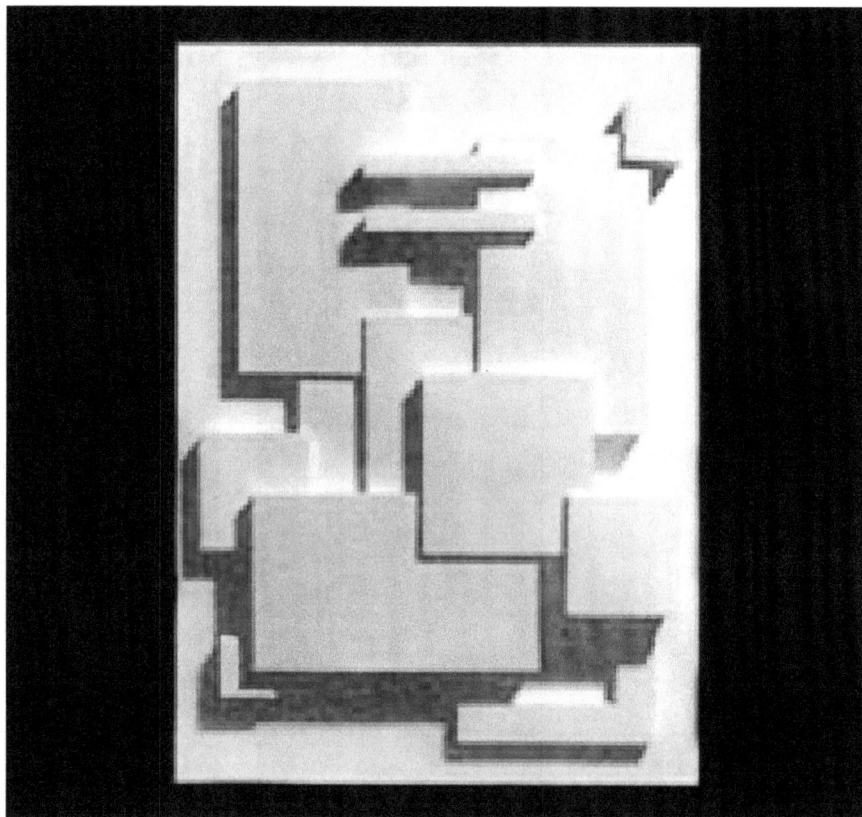

图 2.27 自由几何体浅浮雕例题

学生示范作业

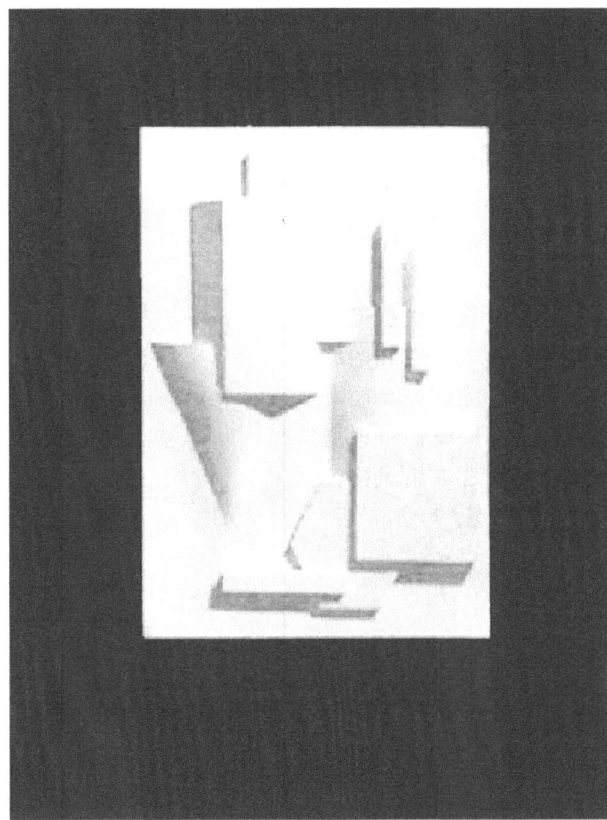

图 2.28 自由几何体浅浮雕作业

培养目标

入口空间研究的一个重要方向是空间的构成方式，即空间是由空间限定的构件围合而成或分割而成的，如何运用空间限定要素在一定程度上就决定了空间的品质。根据空间限定方式的不同，传统建筑入口空间大致可分为浅空间、深空间和扩展空间三种类型。作为一种中介空间，入口空间是建筑内部空间向外部环境的延伸，也是外部空间向内部空间的渗透，它的出现使建筑内外空间的过渡具有丰富的层次感和空间的渐近感。该练习旨在培养学生的入口空间造型能力，使之深入理解建筑入口对称的韵律美与层次的递进，提高对圆弧与直线折角的处理能力。

解题思路

在做该练习时，如左图所示，应首先确定画面中轴线的位置，进而确定各个圆弧的圆心位置、半径大小、排列方式、圆弧数量，注意圆弧与直线的衔接关系，直线的折角位置以及剪切线的长度，并按图示尺寸标注相应尺寸线，根据尺寸较好地理解建筑入口空间的尺度及比例关系，完成高品质入口空间的设计，同学们可根据不同切入点设计 2~3 组风格各异的入口空间形态。

习题 15：空间的纵深

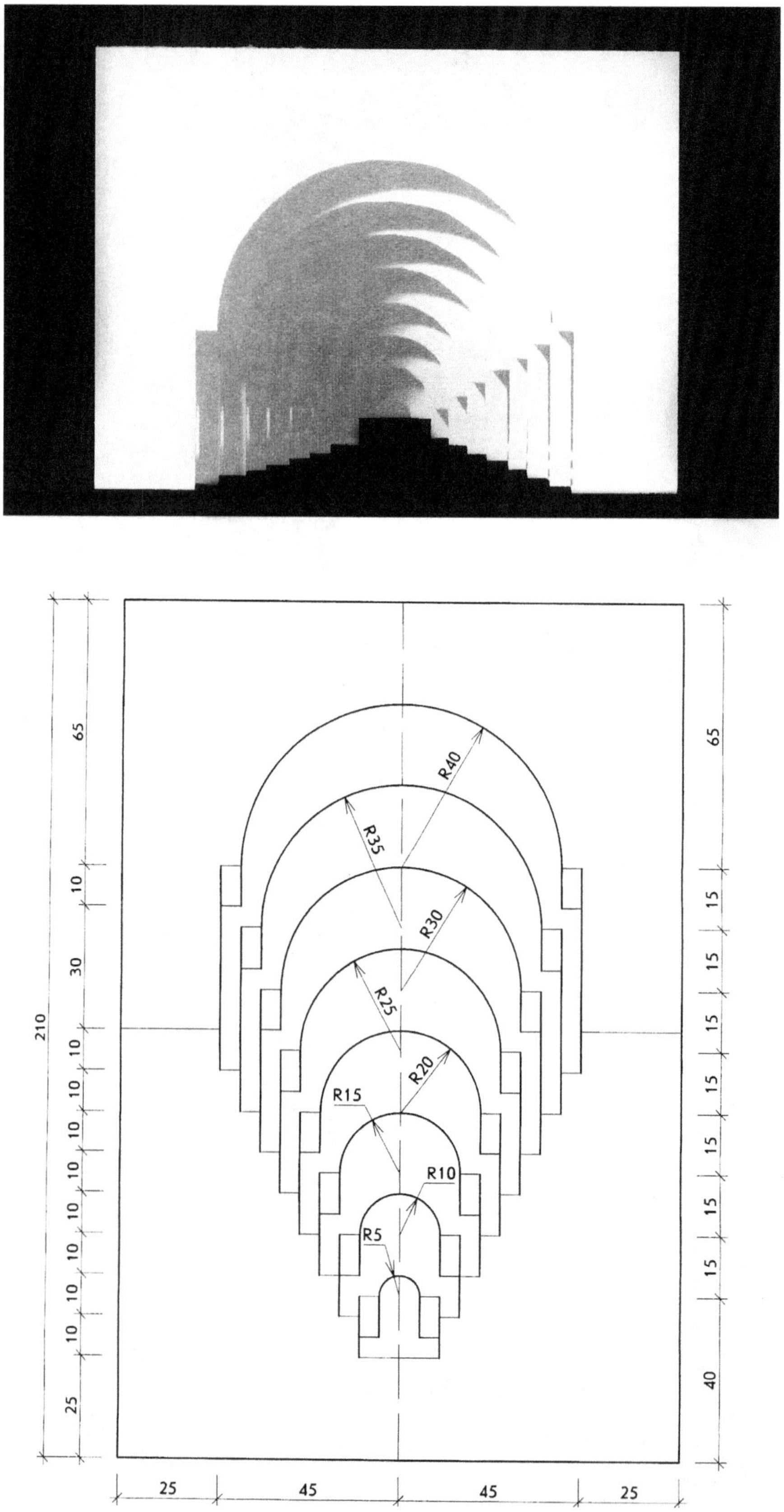

图 2.29 空间的纵深例题

学生示范作业

图 2.30 空间的纵深作业

培养目标

左图所示均为学生在建筑入口空间处理方面的优秀作业，建筑入口外部空间是依附于建筑入口的，所以建筑入口是建筑入口外部空间构成因素中的基础。曲线的形式感可以锻炼学生在一种相对完整自然的形态中去创造有美学特质的构成图形。

解题思路

在进行曲线的训练时，多可选择相对完整的形体进行设计变化，在连续增加进深的基础上对其构成的变化寻求改变的可能性，从而在有序的图形排列中增加新的元素。

习题 16：曲线主题的空间纵深

图 2.31 曲线空间纵深例题

学生示范作业

图 2.32 曲线空间纵深作业

培养目标

直线的演进是在之前的基础上对空间抽象能力的进一步升华,直线的重复纵深形态有别于曲线的自然形态,其表现的是更为人工化的抽象形态,多重图形之间的进深关系是在变化中寻求统一、重复中找寻突破,对学生的整体建筑意识是一种良好的训练。

解题思路

在确定一个主题之后,直线关系的进深应符合透视的最基本要求,而在其中的进一步变化又要求设计者的严谨态度和前期设计,几何体的偶尔变化更要求这种美感不能将整体的关系打破。

习题 17:直线主题的空间纵深

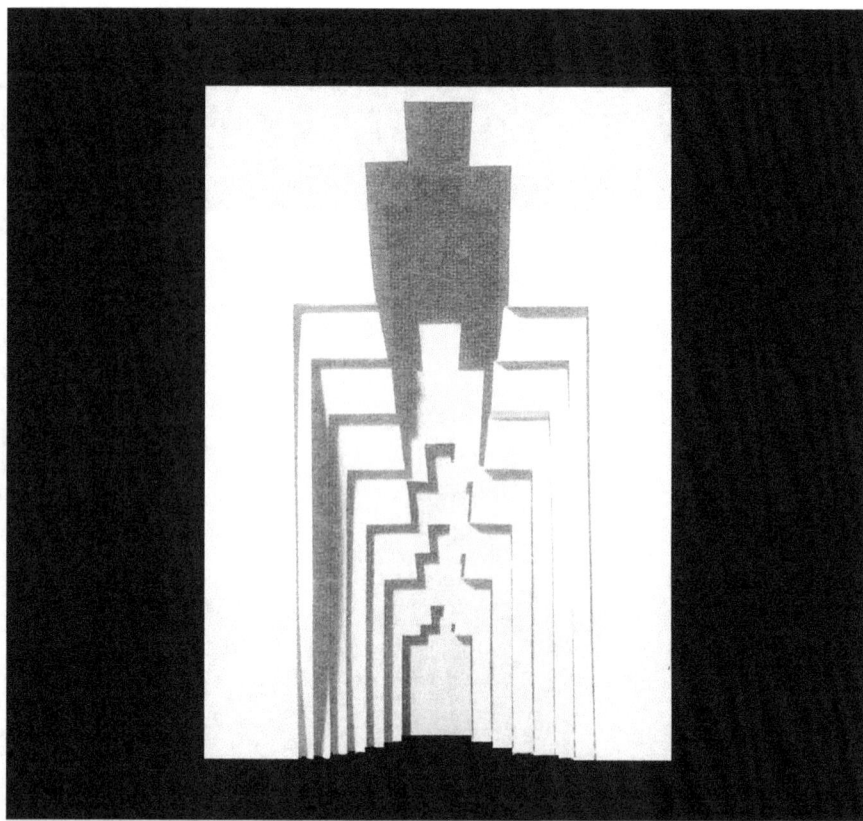

图 2.33 直线空间纵深例题

学生示范作业

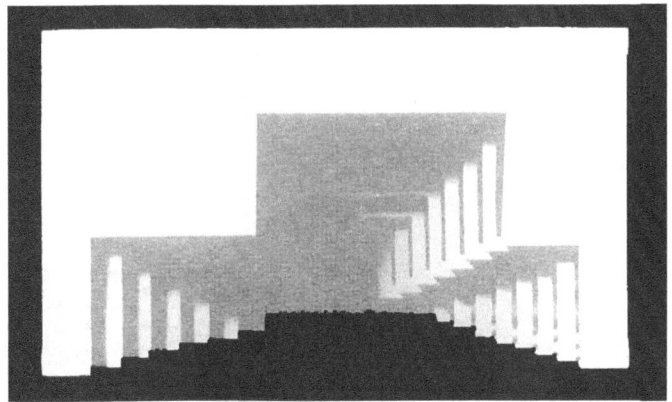

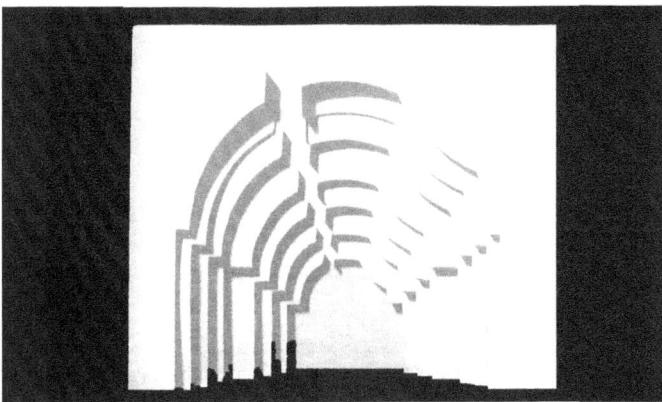

图 2.34 直线空间纵深作业

培养目标

实体建筑入口外部空间多是直线与曲线组合构成的，能够较好地对其进行抽象是最为接近实体空间的构成训练。这是对上一练习的深入、升华，在原有的入口空间的基础上，通过改变中轴线的位置，增添弧线、折线、直线，创造更为丰富多彩的建筑入口空间。通过该训练，学生们可以进一步提高入口空间的造型能力。

解题思路

选择一到两个建筑的基本母体，通过一定的思考与设计，在其基础上进行元素的重复、移位、排列、组合，并结合多种折叠手法，逐层推进，创造出更为丰富多彩的入口空间形态。同学们可依据个人灵感创造 1~2 组风格不同的建主入口空间。

习题 18：直线与曲线组合的空间纵深

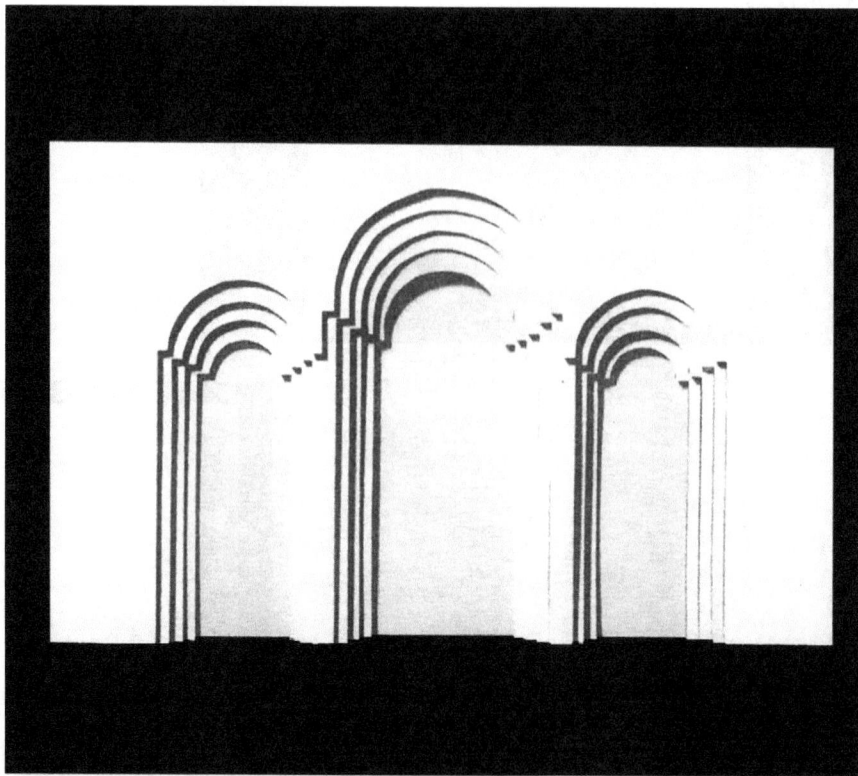

图 2.35 曲线直线组合空间纵深例题

学生示范作业

图 2.36 曲线直线组合空间纵深作业

培养目标

空间构成所研究的是实体与虚体间的存在关系，个体形态研究的目的就在整体形态的应用之中。证明实体"有"很容易，证明虚体"无"却很难，但是空间对于设计又是如此重要。立体构成是研究立体造型各元素的构成法则，其任务是揭示立体造型的基本规律，阐明立体设计的基本原理，而本练习则着重训练学生对立体构成的熟练掌握。

解题思路

如图所示，以一定的材料为媒介，以良好的视觉为基础，以合理的力学为依据，将造型要素，按一定的构成原则，组合成美好的形体。期间灵活运用各种造型手法，如穿插、渐变、折叠、组合、逐层升起等，以便于研究立体造型各元素的构成法则，旨在揭示立体造型的基本规律，阐明立体设计的基本原理。同学们可根据左图所示的造型原则来制作2~3个空间构成模型。

习题 19：空间的韵律（单一形态构成）

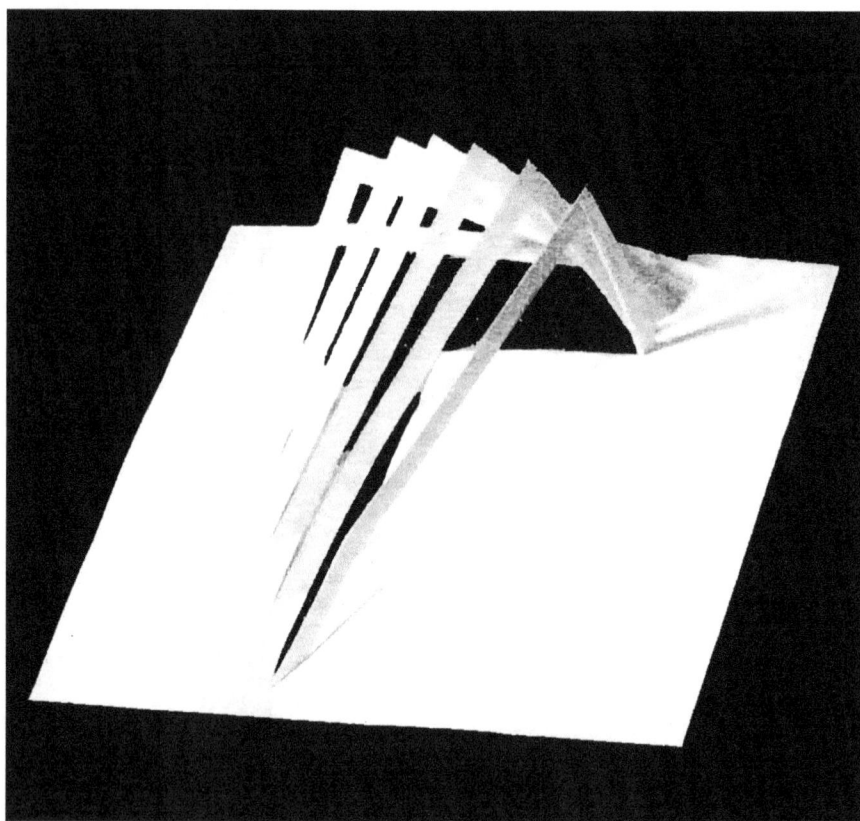

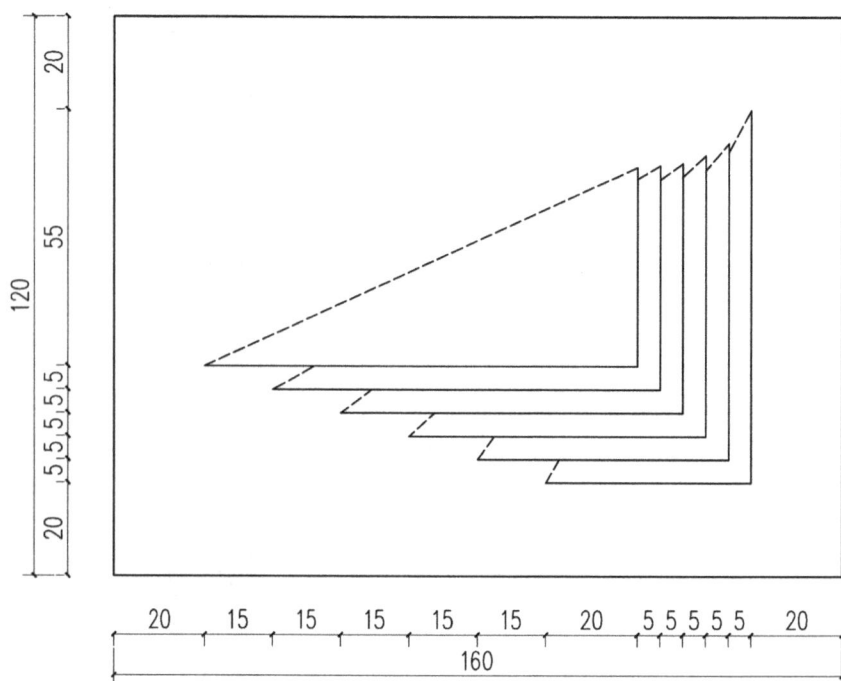

图 2.37 单一形态构成空间韵律例题

学生示范作业

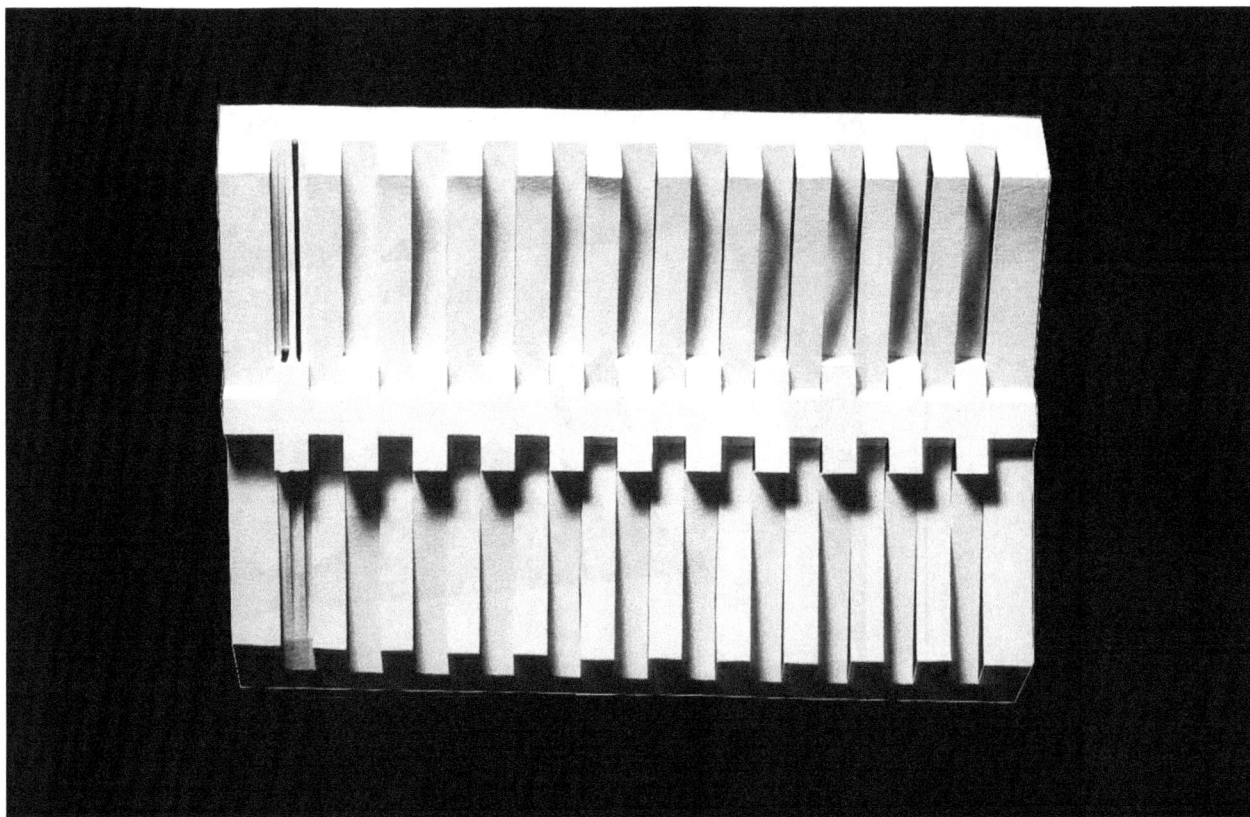

图 2.38 单一形态构成空间韵律作业

培养目标

在对单一变化的实体与虚体进行组合变化之后，我们应当更好地训练多图形的交叉组合。相同图形以 90°角的方式交叉在一起之后，会产生变化莫测的光影效果，本身的虚实与光影结合在一起的空间构成感着实可训练学生的空间立体构成能力。

解题思路

不同于单一形体构成的方式，组合体的难点在于制作的精度，同时应考虑在平面过程中的切割形式，而材料本身的特性又将决定这一空间构成体量的稳定性，体积感的形成就要求整个模型的骨感与美学的结合。

习题 20：空间的韵律（交叉形体构成）

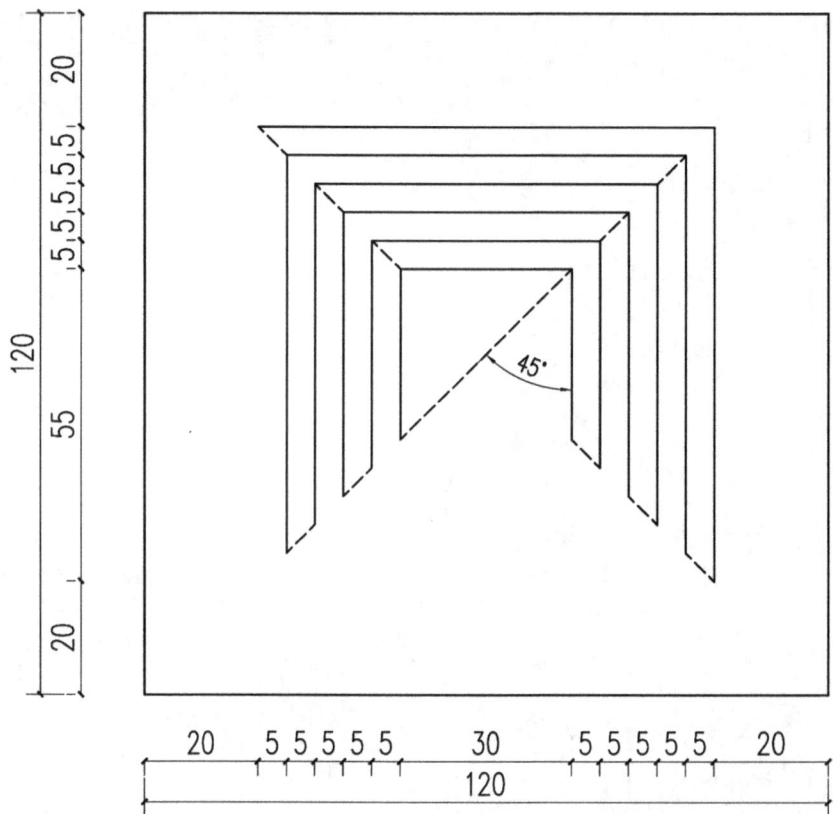

图 2.39 交叉形体构成空间韵律例题

学生示范作业

图 2.40 交叉形体构成空间韵律作业

培养目标

虚实相生的形体组合更高的要求是曲面球体镂空之后的组合。建筑的体量在这样的组合中能体现出其抽象后的终极美学，所有的体量不再那般坚硬傲骨，而变得温润亲和起来，这样的变化却丝毫不影响整体的体积感。它更要求精湛的技艺与丰沛的空间感知经验，这是训练，亦是挑战。

解题思路

纸质材料的舒展性是这一训练的优势，这样的作业往往需要选定两个或多个合适的形体进行组合交叉，不能恰到好处地结合的形体将会影响整体的作业过程与最终形象。这之后的切割应注意曲线与直线的流畅衔接。

习题 21：空间的韵律（半球体的空间构成）

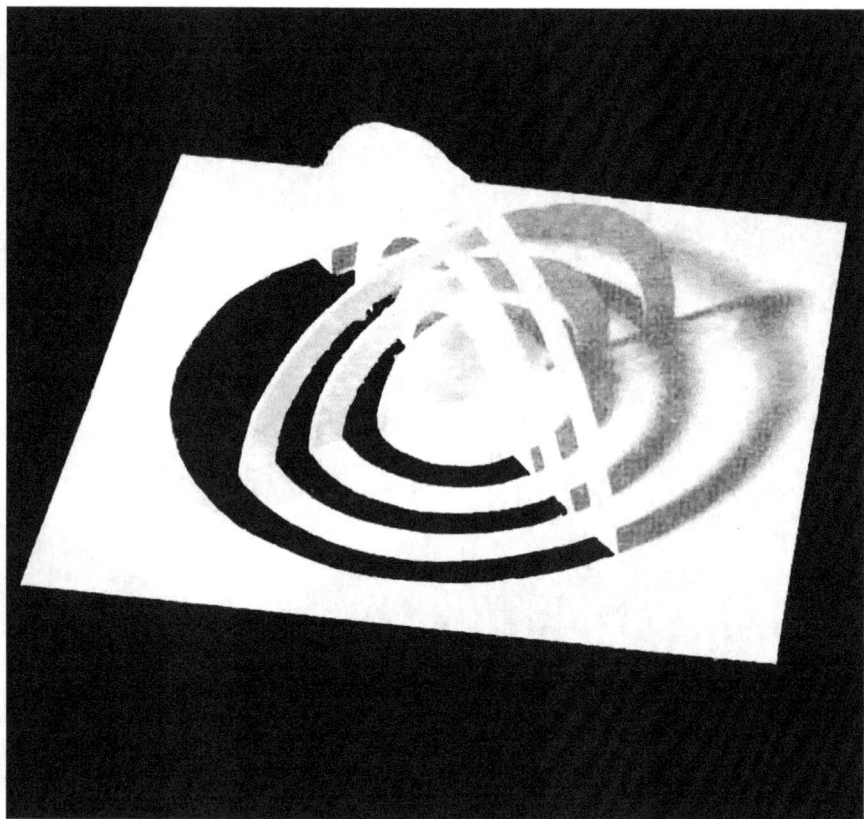

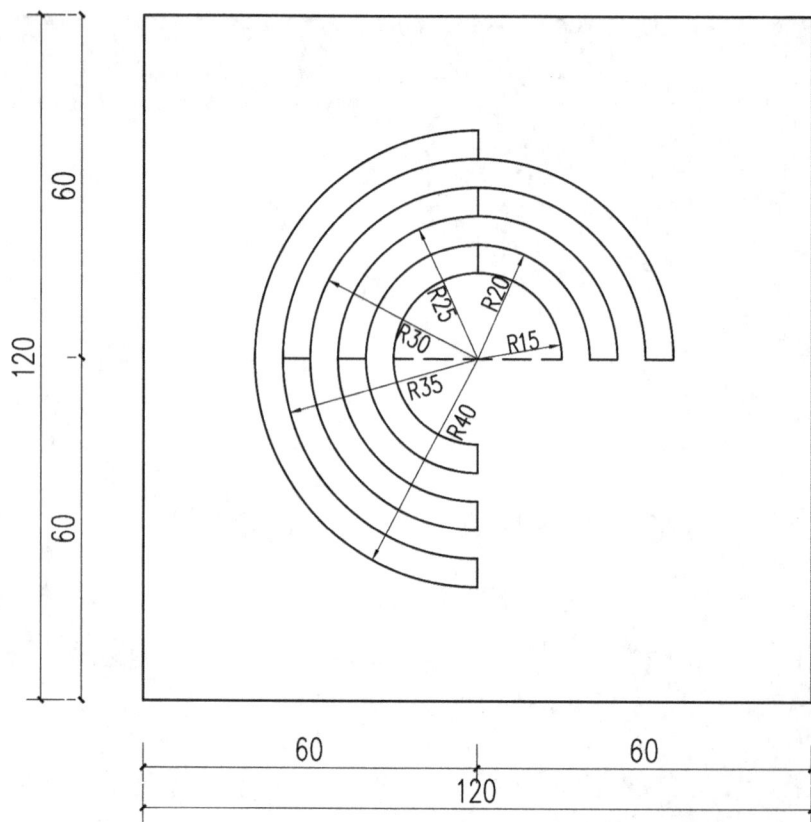

60 120 60 / 60 60 120 / R15 R20 R25 R30 R35 R40

图 2.41 半球体空间韵律例题

学生示范作业

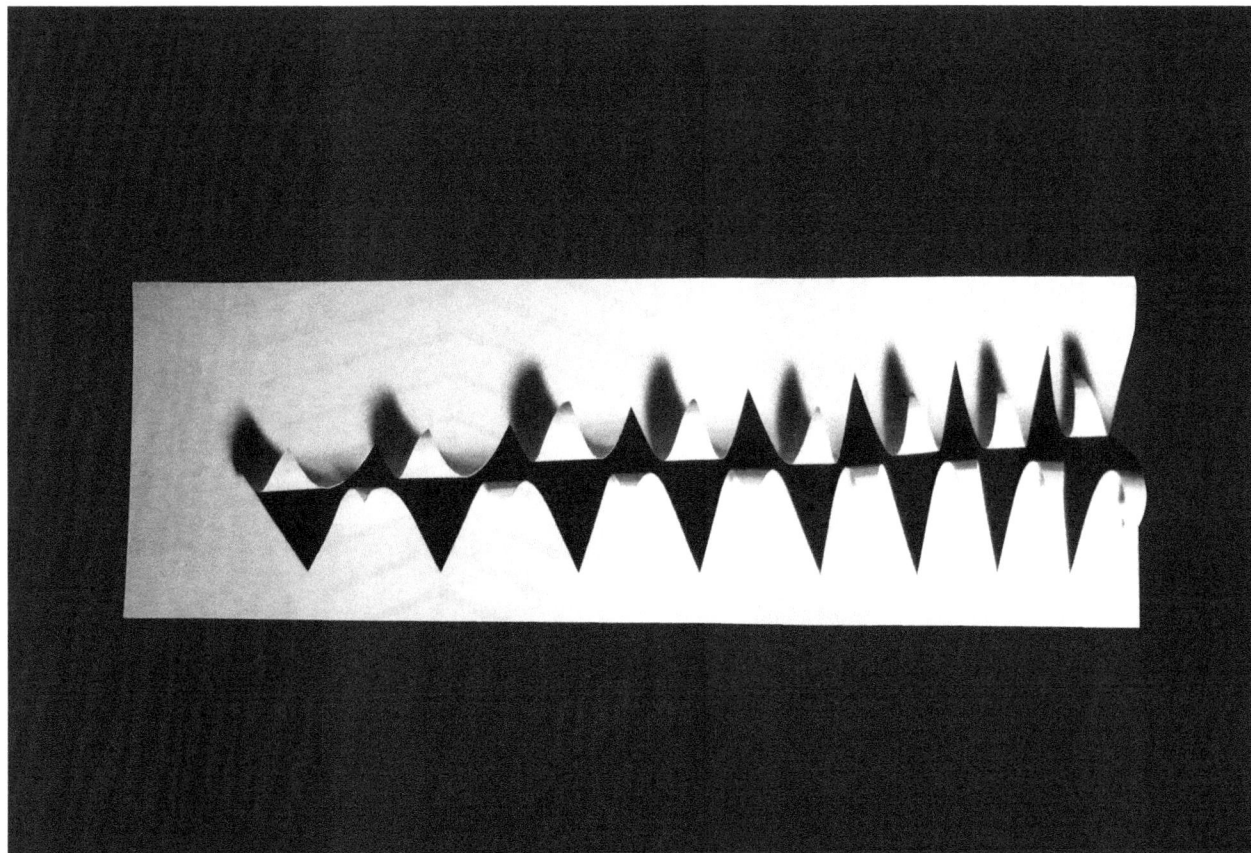

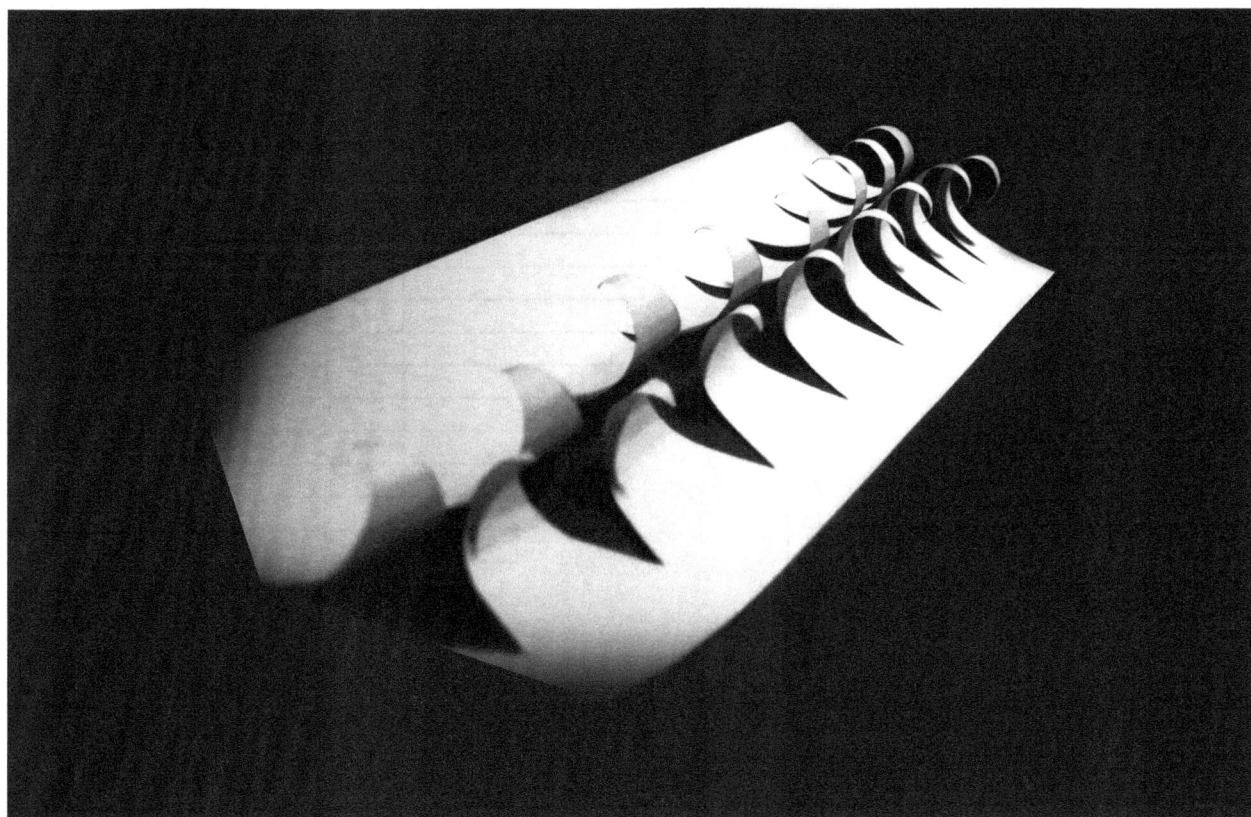

图 2.42 半球体构成空间韵律作业

培养目标

现代建筑的设计越来越向精致、完美的方向发展,不再仅仅讲正立面、背立面,而是越来越关注整体效果和它的多方位性。一般说来,人们不太注意建筑的转角。大多数成熟的和成功的建筑设计也并未对转角处作特殊的处理。如何处理作为建筑一部分的转角,一直是每个建筑师必然面临的设计课题。

解题思路

建筑的转角处理和整个建筑形体的创造一样,要经过构思,运用组合、扭转、加法、减法等手段,使其成形,再通过细部刻画来进行创造和展示。本练习的具体做法如左图所示,首先找到纸张的中轴线,按照图中标示的尺寸将折叠线画出,进行折叠,进而形成理想的空间构成。

习题 22:空间转角韵律的形成(直线单一重复)

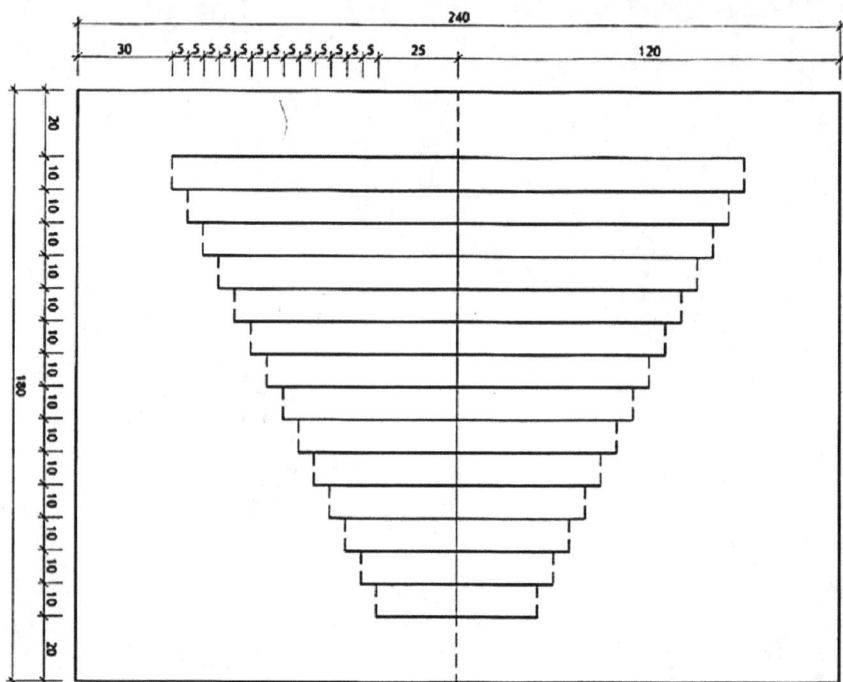

图 2.43 单一直线重复空间转角例题

学生示范作业

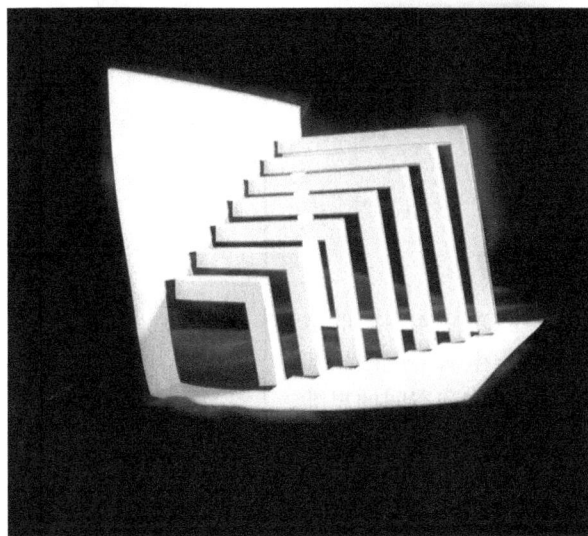

图 2.44 单一直线重复空间转角作业

培养目标

立体构成也称为空间构成，立体构成是由二维平面形象进入三维立体空间的构成表现，两者既有联系又有区别。联系是：它们都是一种艺术训练，引导了解造型观念，训练抽象构成能力，培养审美观，要接受严格的规律训练；区别是：立体构成是三维的实体形态与空间形态的构成。该练习是对前一个转角练习的深入与升华，较前一个练习更有难度，同学们可以通过该练习的训练更好地处理建筑转角。

解题思路

通过对转角立体构成的学习，能够让学生从平面的思维模式进入到立体和空间的思维模式，深入了解体块的转角的立体形态和空间形式，并能进行转角立体形态的基本创作。本练习的重点在于了解基本转角形态的含义、立体空间构成的理念。同学们可选择不同的手法自行制作两至三组建筑转角纸质模型。

习题 23：空间转角韵律的形成（直线变化组合）

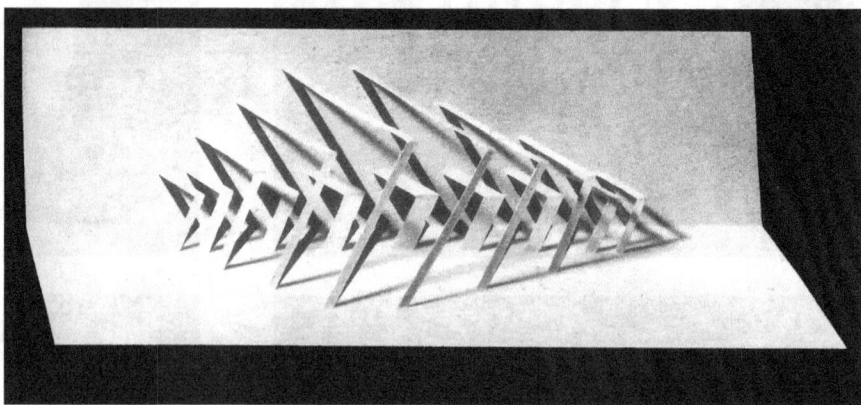

图 2.45 直线变化组合空间转角例题

学生示范作业

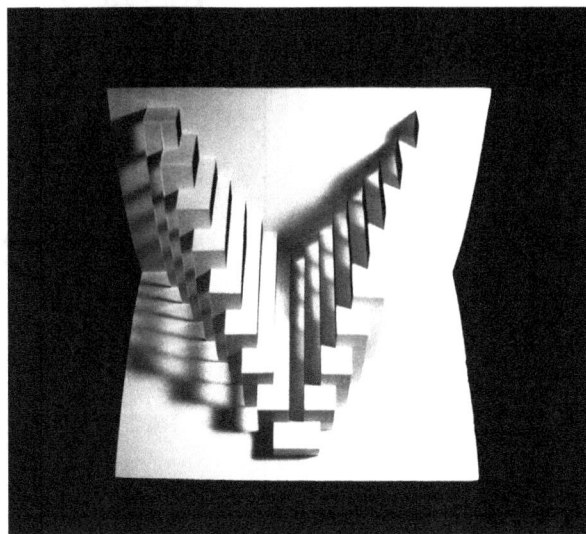

图 2.46 直线变化组合空间转角作业

培养目标

从表现的意义上说，转角，从有建筑之始即已引起重视。关于转角的处理，可以产生很多的变化，巧妙的改动可以妙趣横生，所以在建筑创作设计中，不应该忽略借用转角的变化而为建筑带来创新的作用。该练习恰好可以帮助学生更好地理解建筑转角的处理手法及重要性，在统一的变化过程中挖觉空间韵律的构成特征。

解题思路

建筑转角的变化是体块更是细节的一种整体设计，统一中的变化需要对韵律的整体把控，更需要跳跃的活泼的意向，在制作过程中，合理的变化是要严格推敲的。

习题 24：空间转角韵律的形成（统一中的变化）

图 2.47 统一中的变化转角例题

学生示范作业

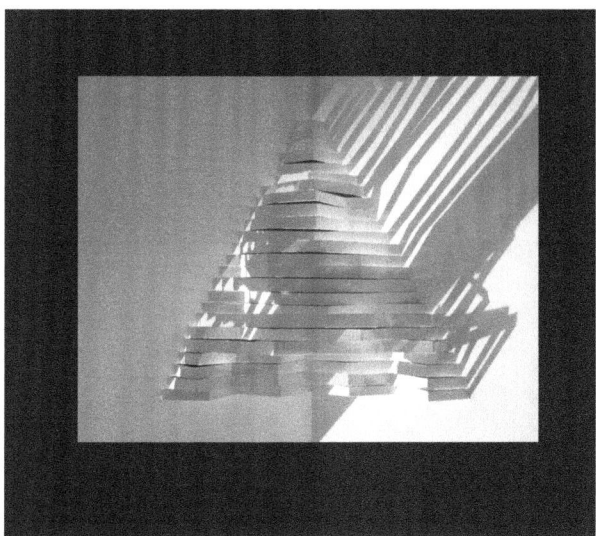

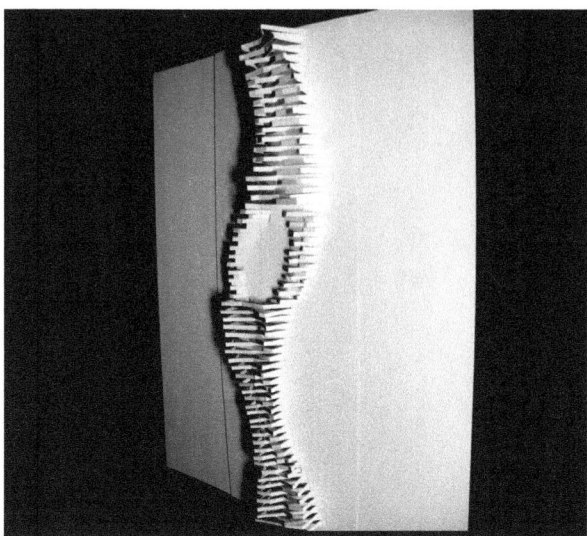

图 2.48 统一中的变化转角作业

培养目标

空间的曲线构成要求在建筑抽象过程中对曲线的具象性有良好的理解。曲线重复的意义是在丰富的变化中得到的，这样能够帮助学生在建筑的转角处理过程中更好地体验自然曲线变化所形成的造型细节。

习题25：空间转角韵律的形成（曲线重复）

解题思路

曲线空间的制作应在二维空间制作之前，在平面阶段就认知和处理好不同平面相接的关系，由于曲面的变化更加复杂，所以要求在整体造型和细节处理方面有更为精巧的制作设计。

图 2.49 曲线重复转角例题

学生示范作业

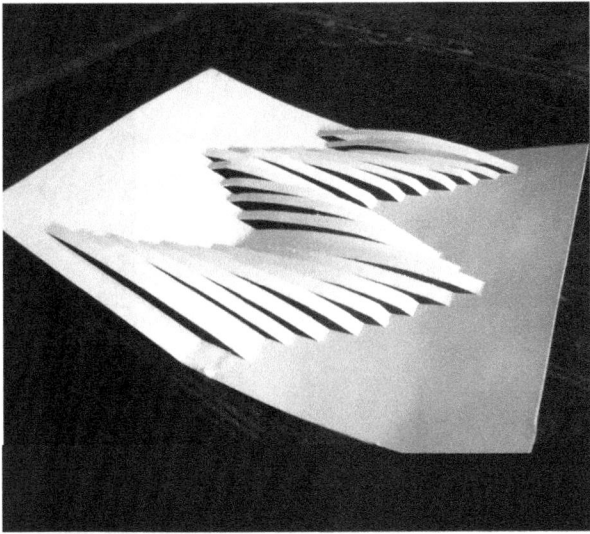

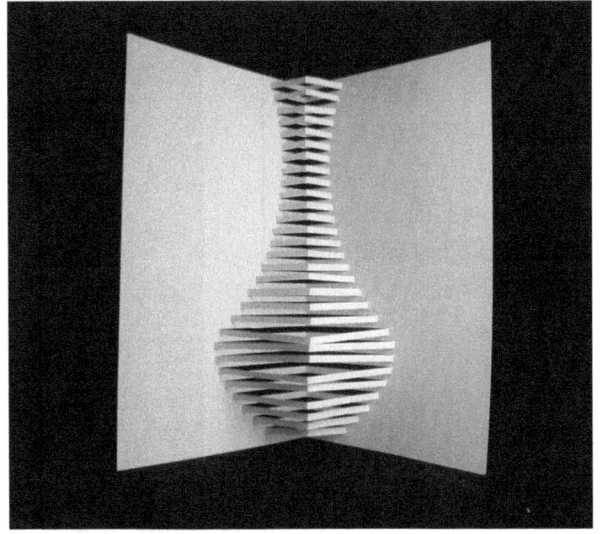

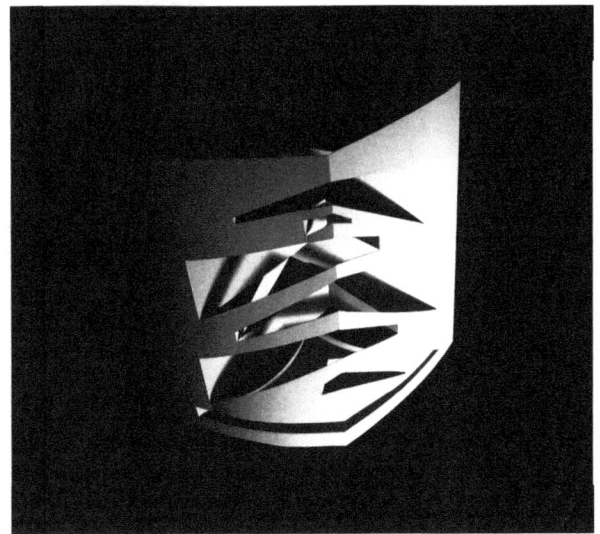

图 2.50 曲线重复转角作业

培养目标

这道练习题是之前所有练习的凝结、升华，综合了之前所说的方方面面，旨在训练学生全面表达建筑空间的能力、由单元生成整体的能力、协调处理各功能空间的能力以及在整体中巧妙运用个性元素的能力。

解题思路

在做这道练习题时，同学们要格外注意处理好建筑前后形体之间的衔接，协调好各元素的比例尺度，除此之外，要学会适当借鉴优秀的建筑作品中处理建筑空间的方法，取其精华、去其糟粕。此外，要综合之前练习题中用到的所有技巧，用足够的耐心完成一个空间模型。

习题 26：转角的构成（建筑立面的空间化）

图 2.51 建筑立面空间化转角例题

学生示范作业

图 2.52 建筑立面空间化转角作业

培养目标

建筑的转角是构筑成建筑造型的最主要也是最重要的元素之一，同时也是人们认识建筑并且记住它的重要渠道。建筑的转角如同画家作画时所勾勒出的画的轮廓，如同作家写作前所列出的文章的结构，因而其意义非凡。该练习重点训练学生如何将建筑转角合理地与体块相结合。

解题思路

由于该练习着眼于将建筑转角嵌入建筑体块中，因而在做建筑转角时，要格外注意转角与体块的合理衔接。此外，转角的位置、形态、折叠方式，曲面与转折面的结合等都会影响建筑体块的整体形态，因此要合理安排制作步骤，同学们可根据兴趣自行制作两至三组不同体块的转角。

习题 27：立方体一个转角的空间构成

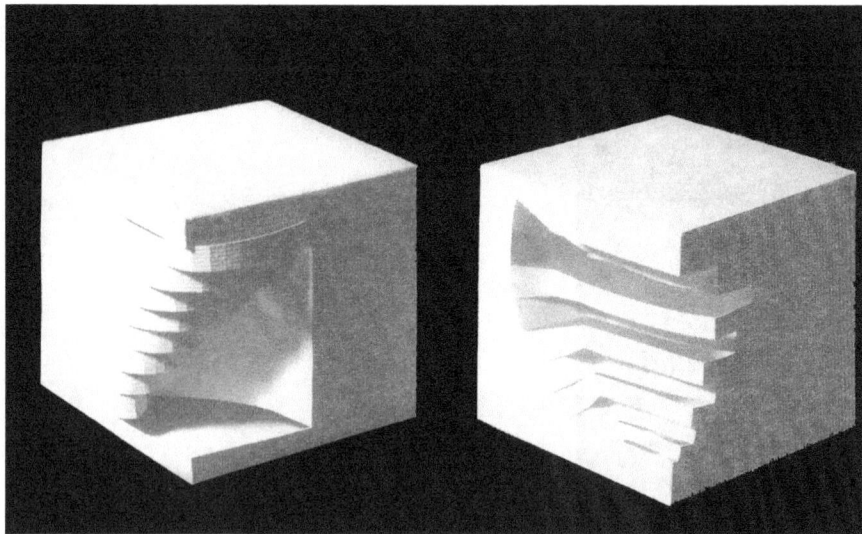

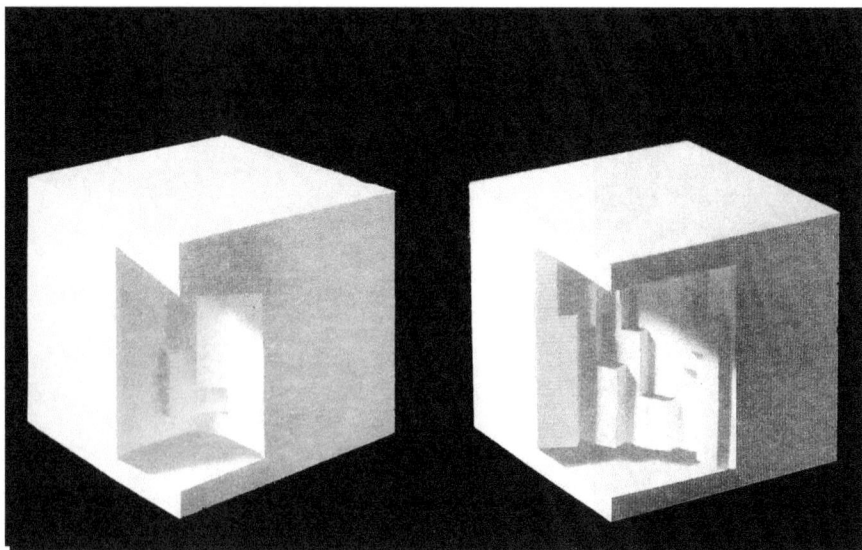

图 2.53 立方体一个转角空间构成例题

学生示范作业

图 2.54 立方体一个转角空间构成作业

培养目标

建筑的两个转角的训练是一个转角的进一步深化，旨在让学生通过一个二维平面来联立两个转角的组合，这种联系是十分必要的，在空间相隔的方位中进行转角的处理对学生的整体空间想象能力将有较大的提高。

解题思路

同学们可以根据所提供的例子自行进行进一步的训练，两个转角的整体风格应保持统一但又要力求有所变化，在制作过程中应保证整个体量的支撑感与立体性。

习题 28：立方体两个转角的空间构成

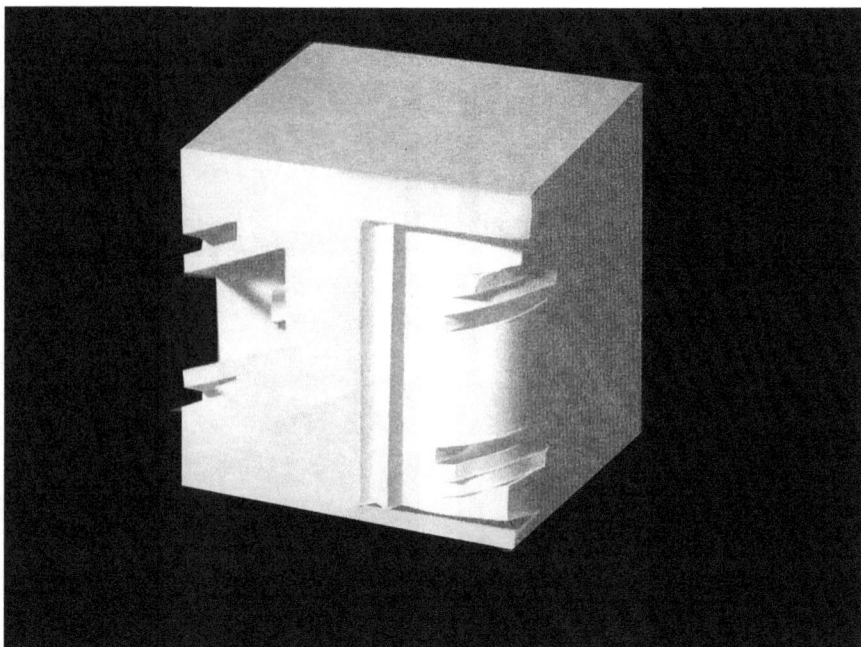

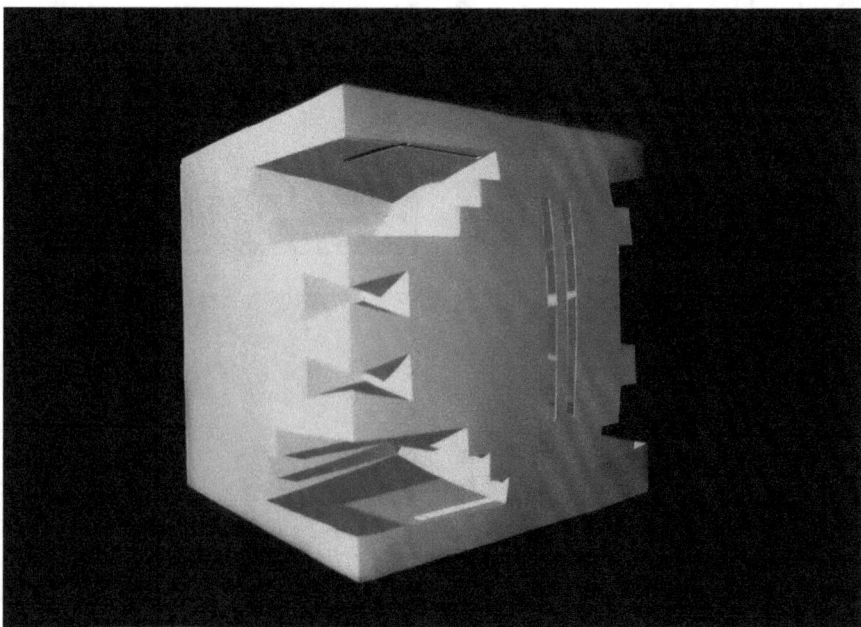

图 2.55 立方体两个转角空间构成例题

学生示范作业

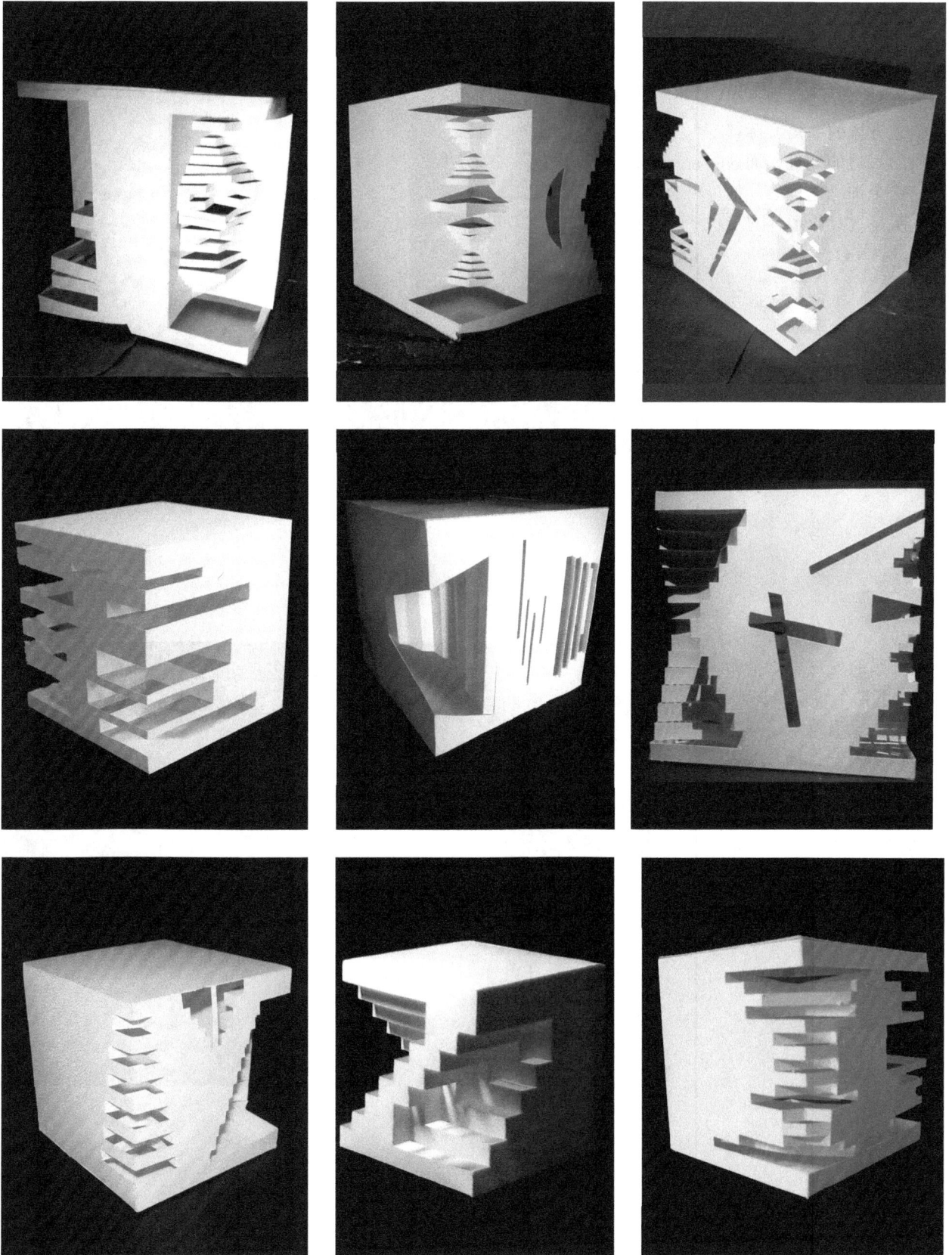

图 2.56 立方体两个转角空间构成作业

培养目标

　　三转角的训练作为空间构成最接近体概念的练习可以帮助同学们进一步理解二维与三维之间的联系。在建筑中抽象出的某个立方体的一角实际都会有相应的三边的处理，而这正是我们这个训练的内容。抽象下的无限接近具象形体对培养造型能力十分有价值。

解题思路

　　三维关系的处理可以借助之前单转角和两个转角的基础，但在此基础上又有升华，训练者的每一次切割制作都是形体变化过程中的一次造型，这样的创作要求学生能够理性地分析设计的形体关系，从而在最终的体量中理解建筑的形态关系。

习题 29：立方体三个转角的空间构成

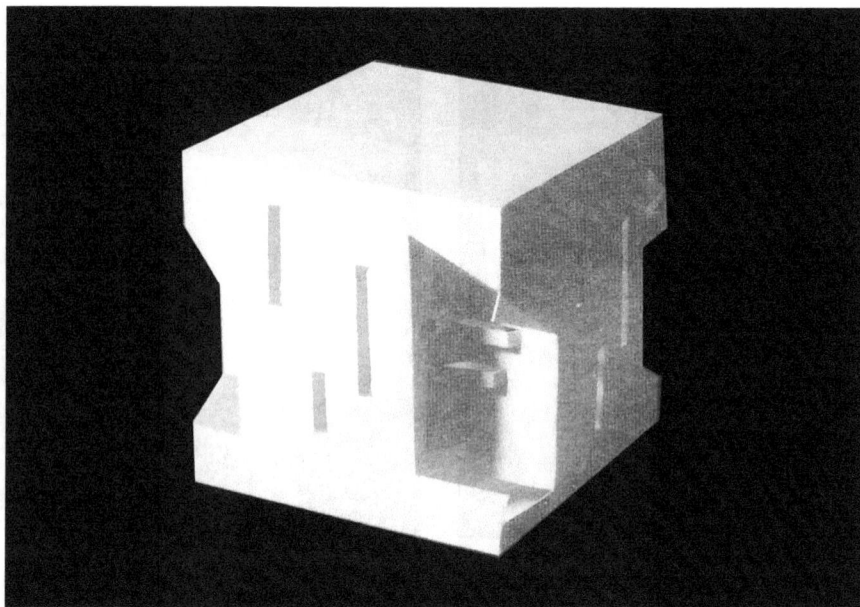

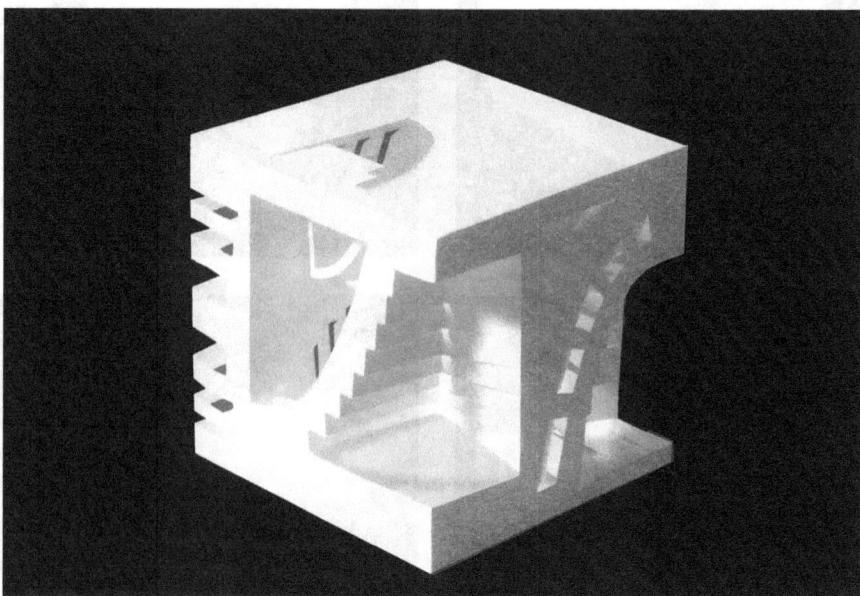

图 2.57 立方体三个转角空间构成例题

学生示范作业

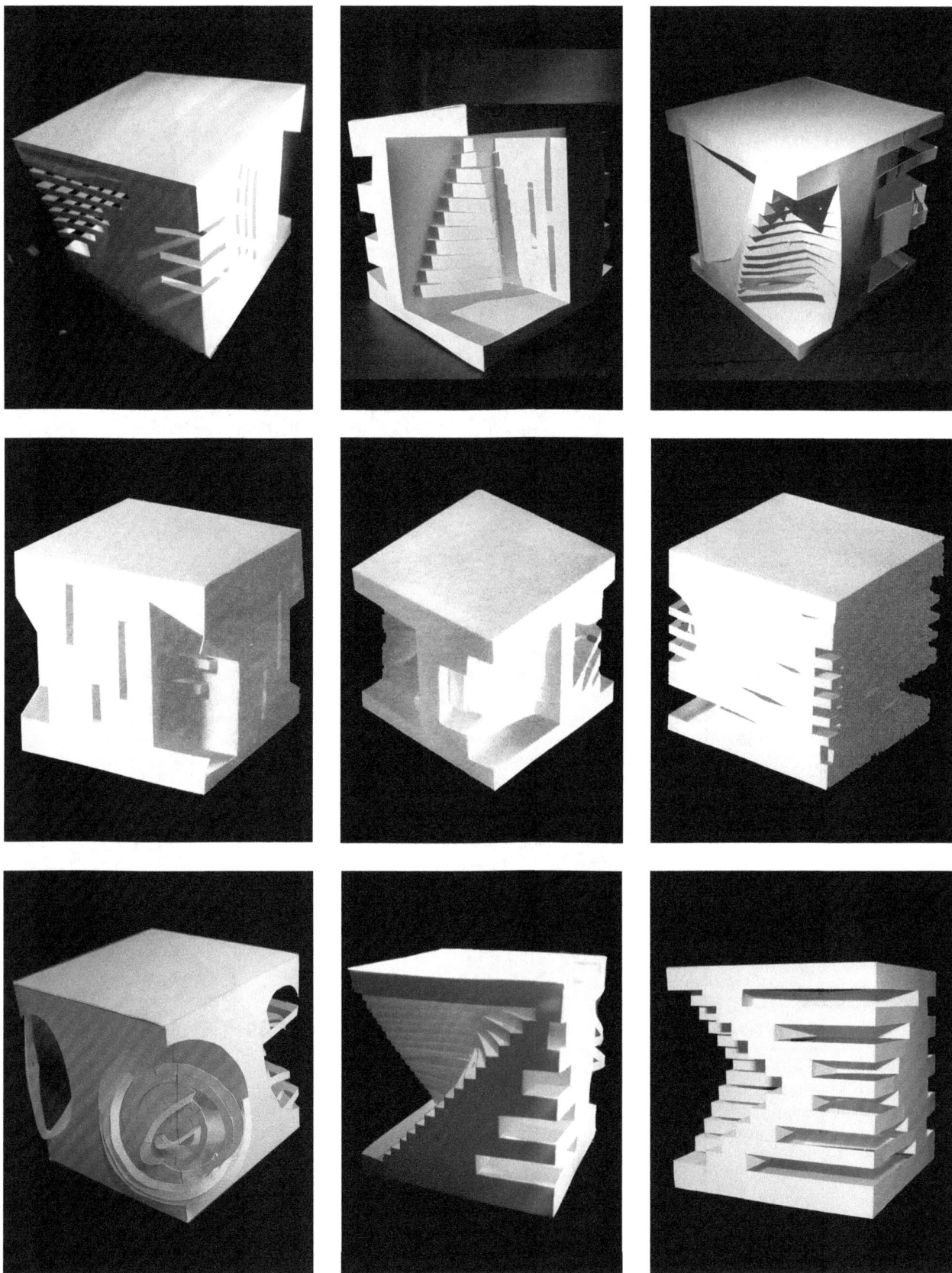

图 2.58 立方体三个转角空间构成作业

培养目标

　　该练习旨在培养学生较好的空间想象能力和整体协调的创造能力，通过对各种不同类型材料的运用和加工，对不同结构方法的探索，对转角形态、整体及局部材料、色彩、建筑肌理的综合心理感受过程，熟悉和基本掌握建筑形态、结构与其转角入口的一些内在联系，并能根据一些具体的条件限定及特殊手法做出良好的立体设计来。

解题思路

　　在做该练习时，不光要注意建筑转角与体块的合理结合，更重要的是要灵活运用所掌握的基本手法对体块进行切割、融合、加法、减法等处理，以便与建筑转角相得益彰，形成配套及较完美的建筑形态。同学们可以根据所学知识，将转角运用到体块中，并制作 1~2 个包含转角的空间模型。

习题 30：立方体的空间构成

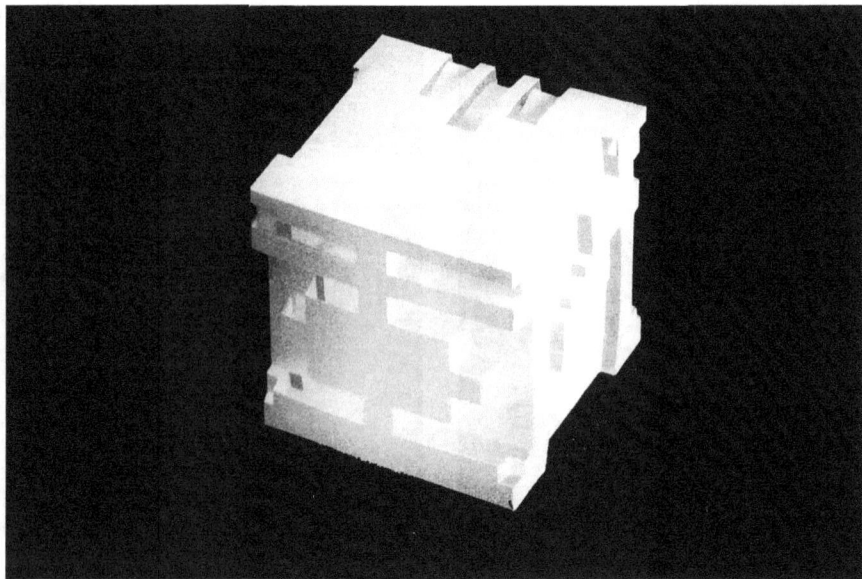

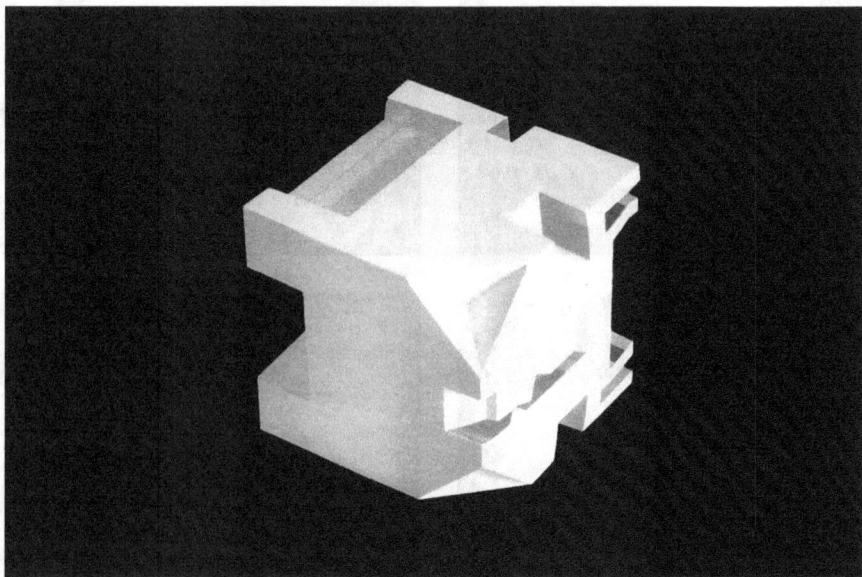

图 2.59 立方体空间构成例题

学生示范作业

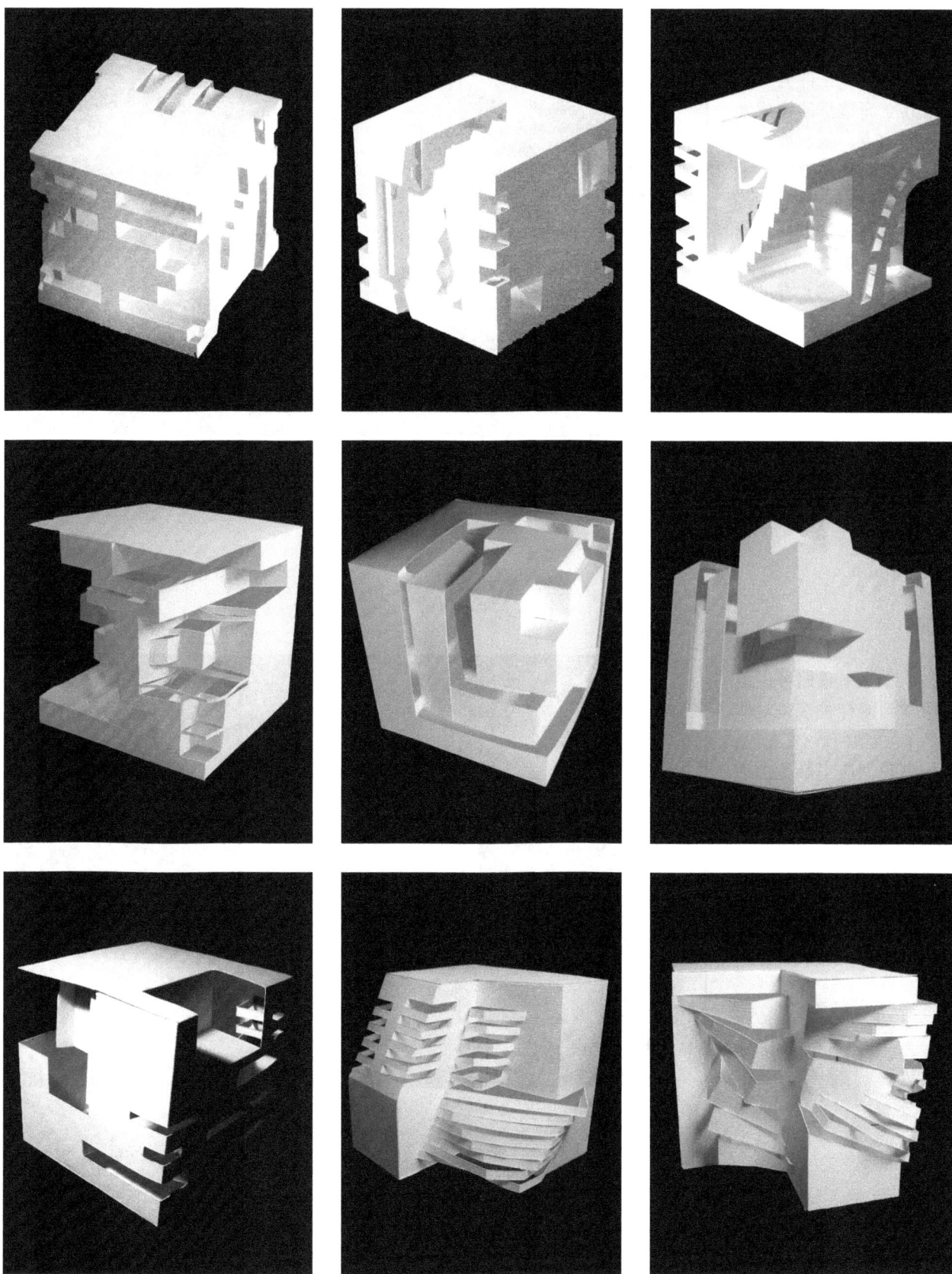

图 2.60 立方体空间构成作业

培养目标

建筑的立面造型，从体形构成上看，可以拟人化地分为基座、墙身、顶部三部分。进一步细分其立面造型的构成元素，可以分为点、线、面、体四部分，建筑的外观效果就是由它们综合作用、共同达到的。三棱锥作为一种较基本的抽象形体，可以训练学生在不同角度下的体量造型美感，有助于未来三角形立面的设计刻画。

解题思路

在这个练习中我们可以借助之前所学到的种种手法对体量进行制作，造型的镂空、起伏、褶皱等均是我们应当借鉴的手法，在一种合理的主题指引下，三棱锥的美感会体现得惟妙惟肖。

习题 31：三棱锥的表面处理

图 2.61 三棱锥表面处理例题

学生示范作业

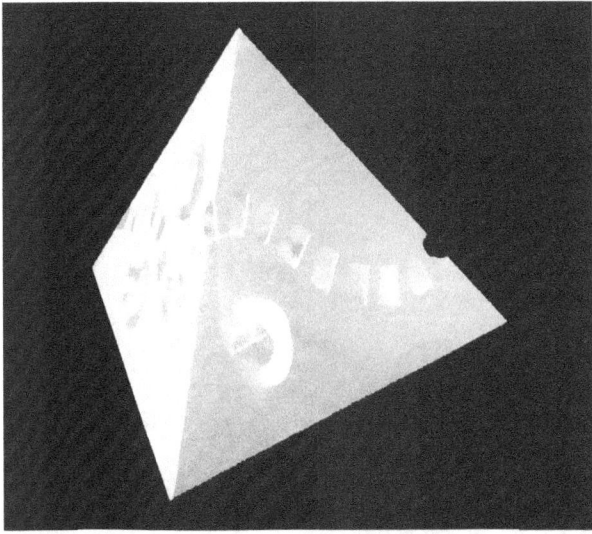

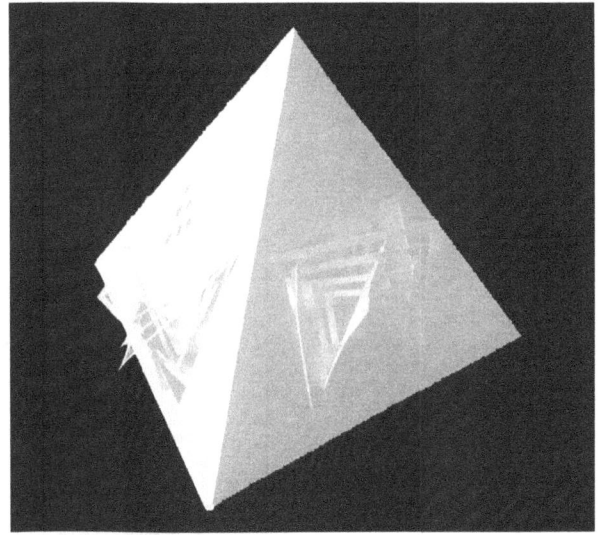

图 2.62 三棱锥表面处理作业

培养目标

立方体作为运用最广的造型基础训练体量，也十分重视其中点、线、面的处理和结合。立面造型的点：重点处理的局部，如屋顶、基座、入口等。立面造型的线：需要加强视觉效果的线或成组处理的部分，如墙面不同颜色的面砖线条、重点部位的线脚、成组处理的窗套等。立面造型的面：立面上同一材质构成的大面积的部分，可以表现材料的质感、光感，如大面积的玻璃幕墙、砖墙、墙板、喷涂等。

解题思路

完成该练习时，方法不单要局限于基本的折纸法，而要引入裁剪、粘贴等手段，由于形体变化较为复杂，制作时要格外注意，并应合理安排好制作步骤，通过对直线、曲线、折面、曲面的穿插与融合而创造出一到两个和谐、统一、具有韵律感的空间体块模型。

习题 32：立方体的表面处理

图 2.63 立方体表面处理例题

学生示范作业

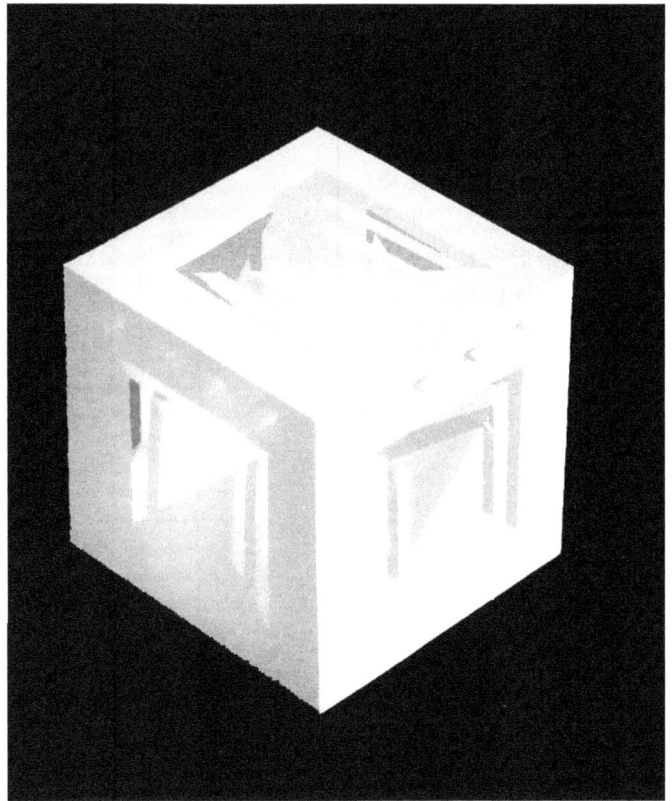

图 2.64 立方体表面处理作业

培养目标

立体空间构成中的点、线、面不仅有着视觉上的意义，还存在着结构力学上的意义。面在立体空间构成中是一种多功能的形态，既可以作围合的材料，又可以起分割空间的作用。面的围合、半围合和分割使结构空间产生变化，能化整为零，也能内外呼应；能拆大为小，又能以小见大。尤其是面的装饰和加工，会使面的视觉空间有更大的张力。该练习着重培养学生运用各个不同的面来分割内外空间的能力。

解题思路

在做该练习时，首先要明确理想中空间的大致形态，考虑好应用何种手法来分隔空间，无论是折叠法、切割法、粘贴法还是穿插法，均要全面考虑清楚其制作步骤。左图给出了每个单体的原始形态及最基本的制作方法，同学们只需对各个单体进行合理的组合穿插，形成类似于左上图的两至三组空间序列即可。

习题 33：三角锥的空间构成原理

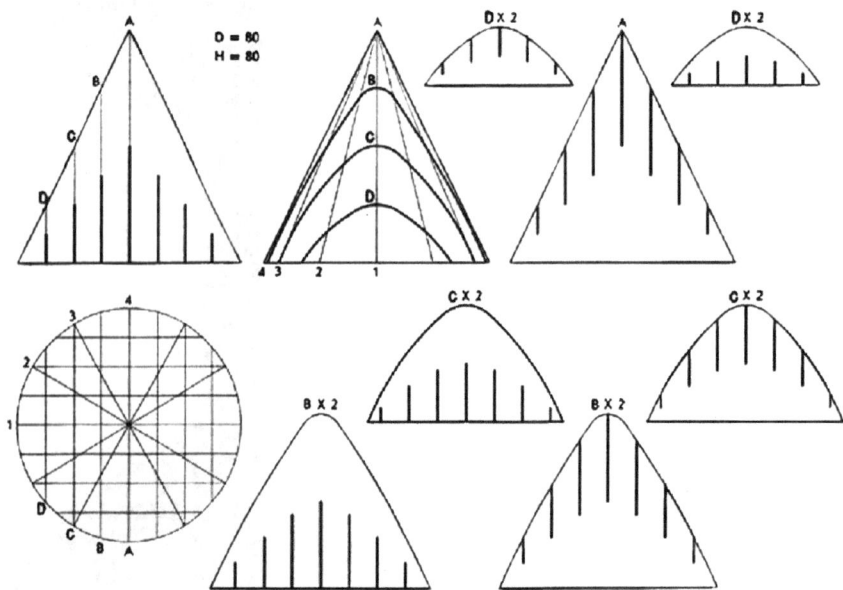

图 2.65 三角锥空间构成原理例题

学生示范作业

图 2.66 三角锥空间构成原理作业

培养目标

建筑内外空间的关系是建筑设计众多要素之中至关重要的一点，应该科学合理地处理好二者之间的相融共生。该练习以锥体为基本体块，着重训练学生处理体块内外空间关系的能力，并结合立面造型处理的手法，创造出形式独特、层次分明、空间凹凸有致、统一中不乏变化的体块模型。

解题思路

该练习以锥体为母体，通过对其表面及内部空间的处理，形成风格迥异的视觉效果，并结合加法与减法的手段与穿插叠合的手法，创造出内外空间结合紧密、秩序井然的空间形态。同学们可以自选母体，结合所学手法，并加以创新，制作两到三个体块模型。

习题 34：三角锥的空间构成（表面处理）

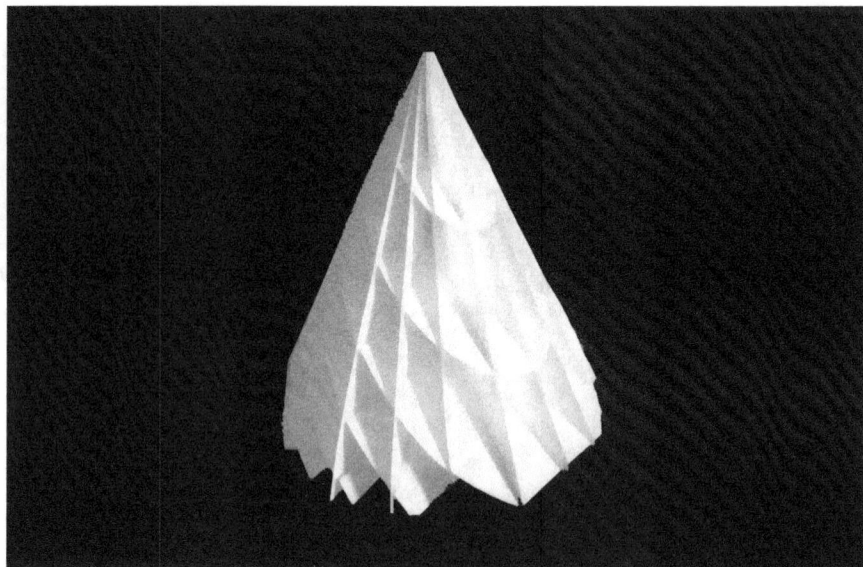

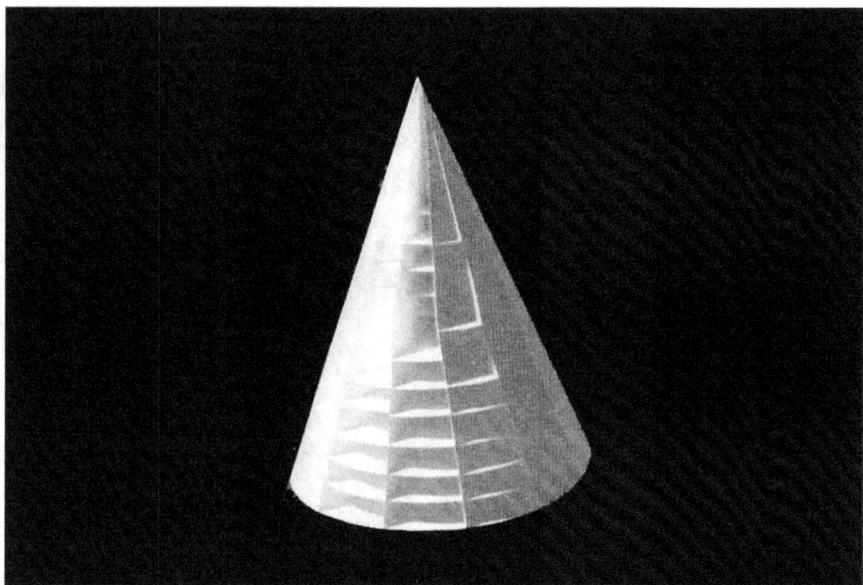

图 2.67 三角锥空间构成表面处理例题

学生示范作业

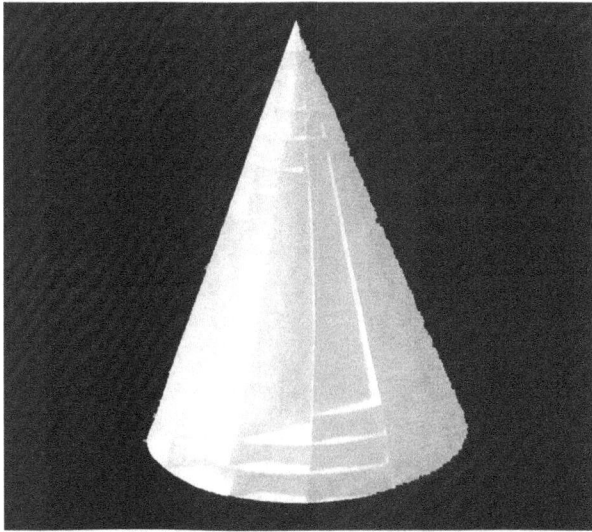

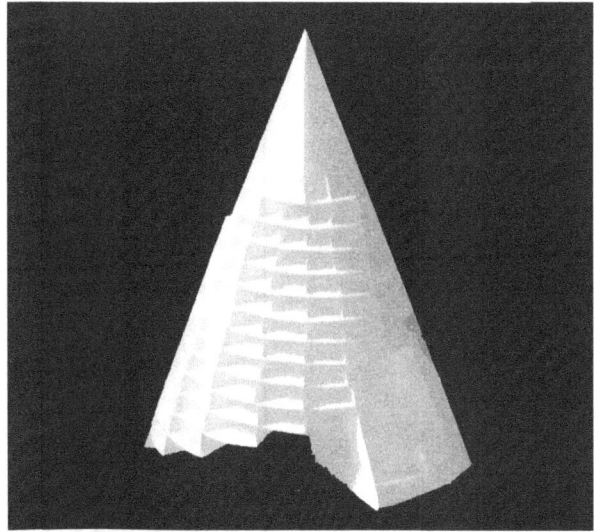

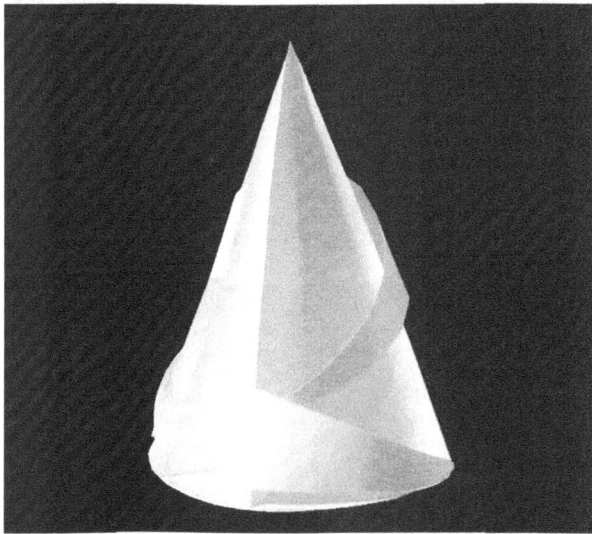

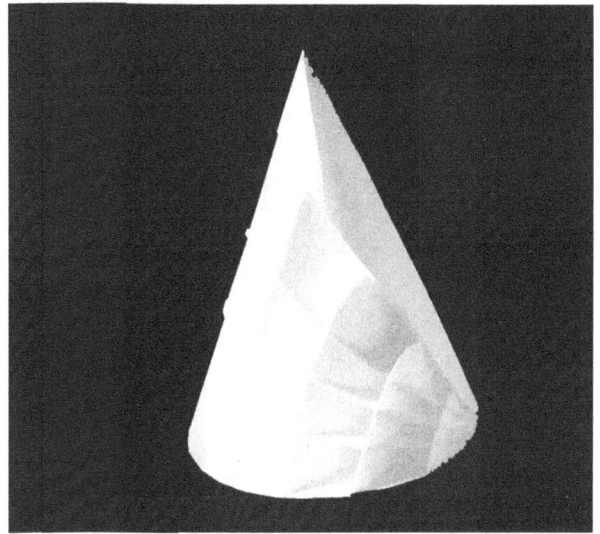

图 2.68 三角锥空间构成表面处理作业

培养目标

在处理好内外关系的基础上，此训练的目的是将空间的渗透、连通引入到三角锥中。空间的立体性质在这一训练中将会体现得十分到位，这样的练习对学生的要求也较高，对学生的挑战性较大。

解题思路

三角锥空间体的镂空制作应有较为良好的步骤，不同于只在表面的切割变化，空间的内部改变来自于结构的原生性，在设计制作之前就应结合不同平面的关系来优化三角锥的体型美感。

习题 35：三角锥的空间构成（锥体的镂空处理）

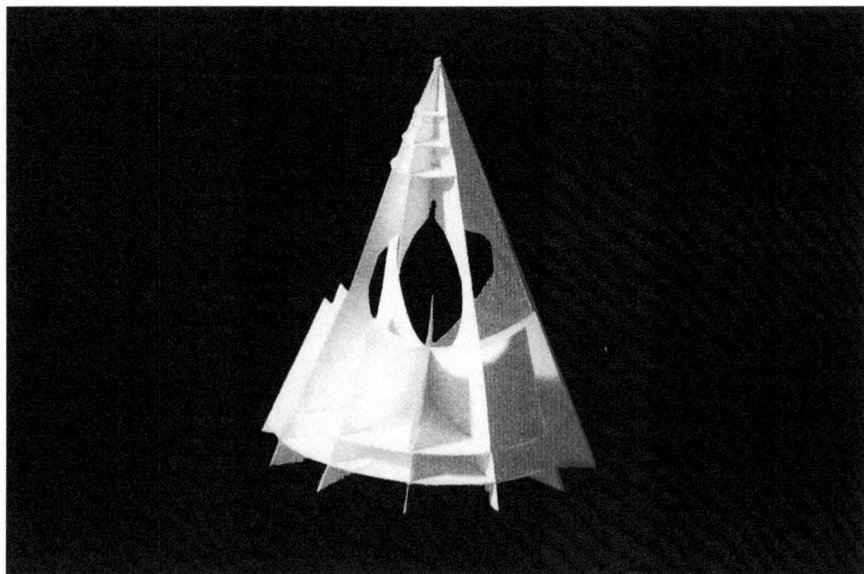

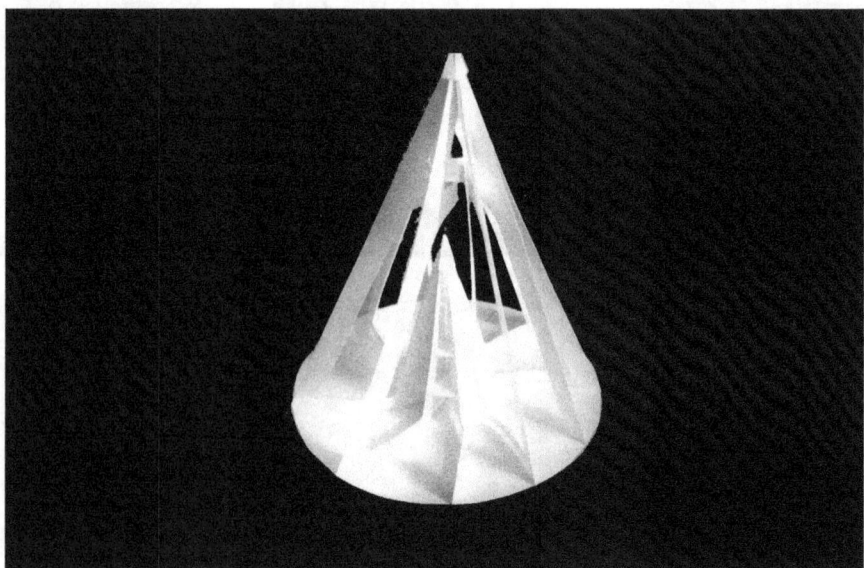

图 2.69 三角锥空间构成镂空处理例题

学生示范作业

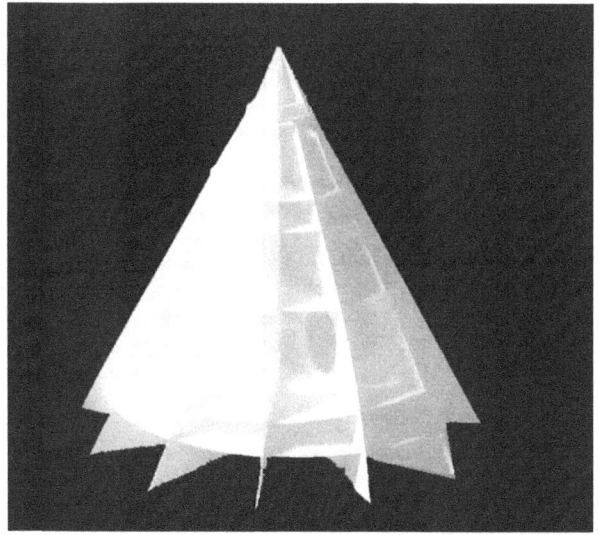

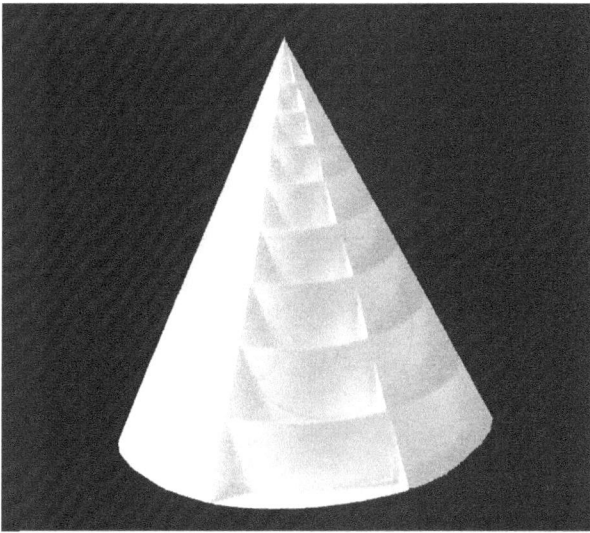

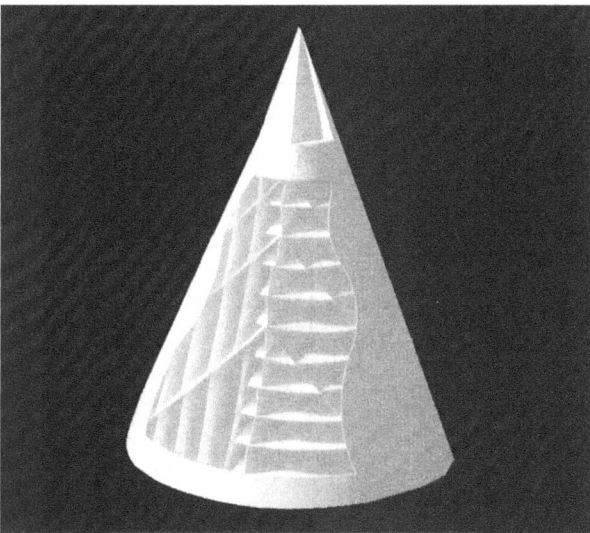

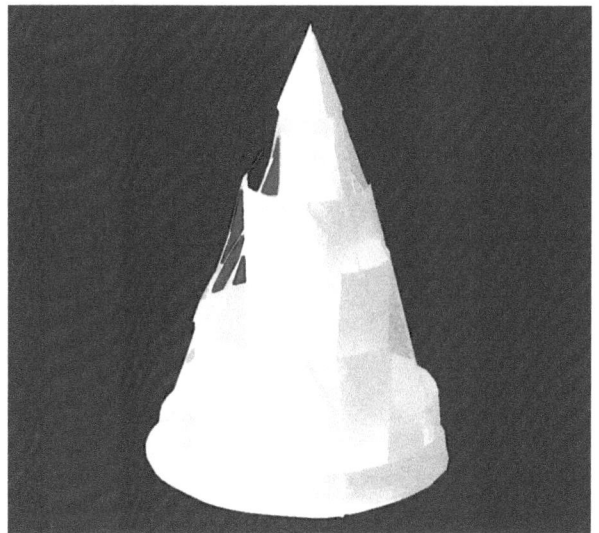

图 2.70 三角锥空间构成镂空处理作业

培养目标

建筑表皮并不是一个清晰和单一的概念，关于表皮，可能指围护结构的表层或者围护结构本身，它是构成建筑实体的重要组成部分。建筑表皮的认识轮廓就在不断转换的概念中得以形成，而建筑表皮的定义就在这些转换过程中所显现的差异和相似中得以明晰。建筑表皮在审美和文化上，是人对建筑的首要印象，因此比其他组成部分更加引人注目。该练习则着重培养学生对各种体块表皮的设计及创新能力，使得同一种形体通过切换材料或表皮，产生不同的视觉效果。

解题思路

从空间上讲，建筑表皮是室内外空间的过渡，大多数情况下，表皮是为体块服务的。该练习通过各个大小不同的面的穿插与衔接，使得不同形体的表皮得到形态各异的视觉效果，同学们可以根据图示步骤进行联想和创新，通过改变整体体块、表皮形态、切割线位置、穿插角度等来制作两到三个形态各异的表皮体块模型。

习题 36：球体的空间构成原理

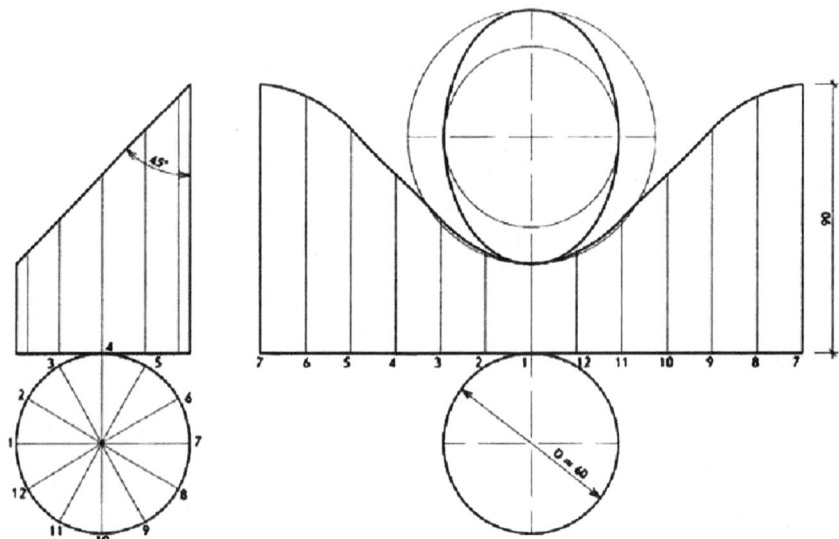

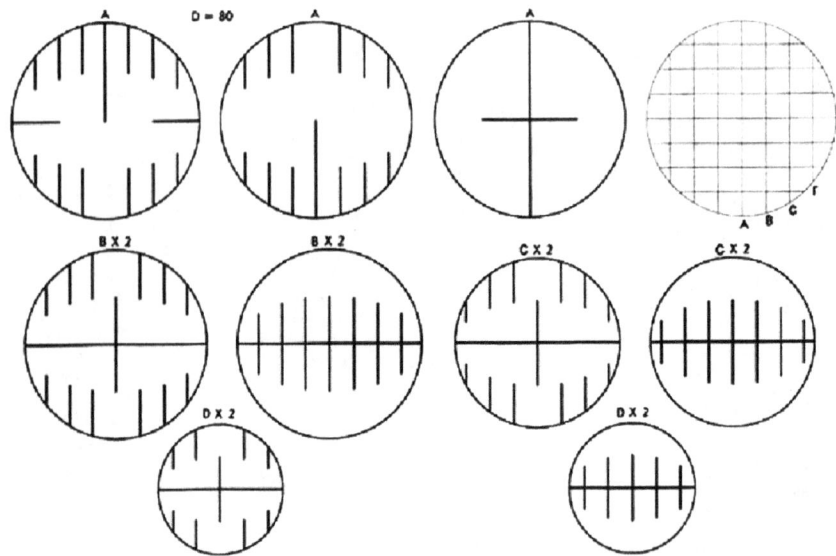

图 2.71 球体空间构成原理例题

学生示范作业

图 2.72 球体空间构成原理作业

培养目标

几何关系设计是建筑学的一种形体构思，可运用平面几何学和立体几何学的原理来确定建筑形体、立面及表皮。而建筑立面则包含建筑和建筑的外部空间直接接触的界面以及其展现出来的形象和构成的方式，即建筑外立面和建筑内立面。通过该练习，可以从由一个圆柱为原型出发，由浅入深，通过改变及运用各种手法，结合几何关系及加法与减法的原则，进行表面凸起与凹陷，开敞与封闭的转换，从而使得原体块演变成拥有不同深化程度外表皮的新形态。

解题思路

该练习可以运用到较大范围的立体空间或形体层次上，包括运用多种形体语汇、各种比例的几何形、简单几何体以及几何形的复杂多变的处理方法。重点分析外表皮各洞口尺寸、位置、式样、形体和比例，同时也着重在几何形和形体语汇不断变化的情况下，学生可以自选初始体块，采用切割、拼贴、折叠、穿插、扭转等手法，对同一体块，采用不同程度的表皮设计，由最初的洞口演变成建筑设计中的开窗形式，通过四至五组练习来训练并体会这种能力。

习题 37：圆柱体的空间构成（表面处理）

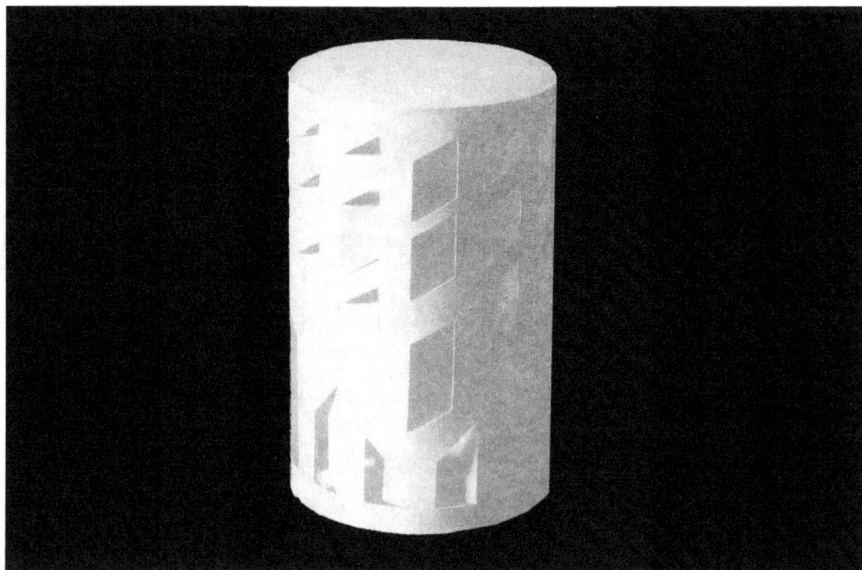

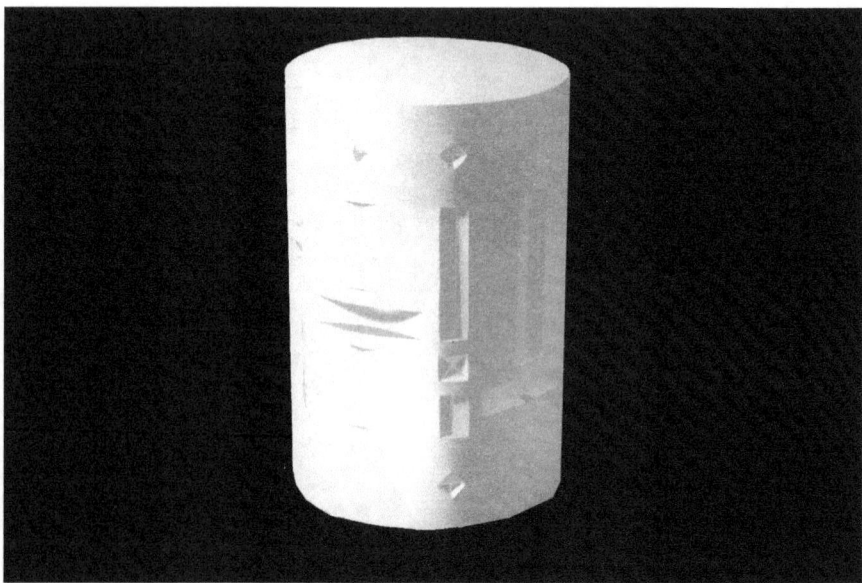

图 2.73 圆柱体空间构成表面处理例题

学生示范作业

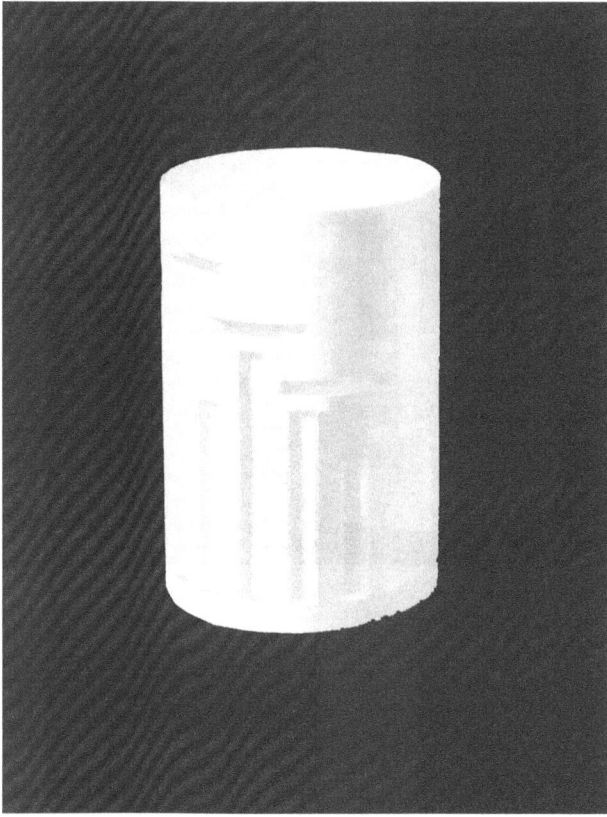

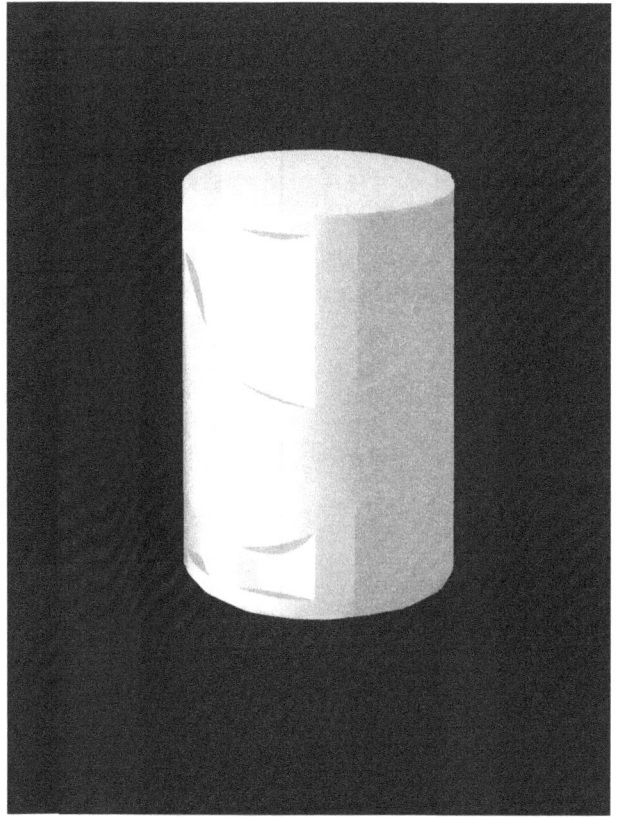

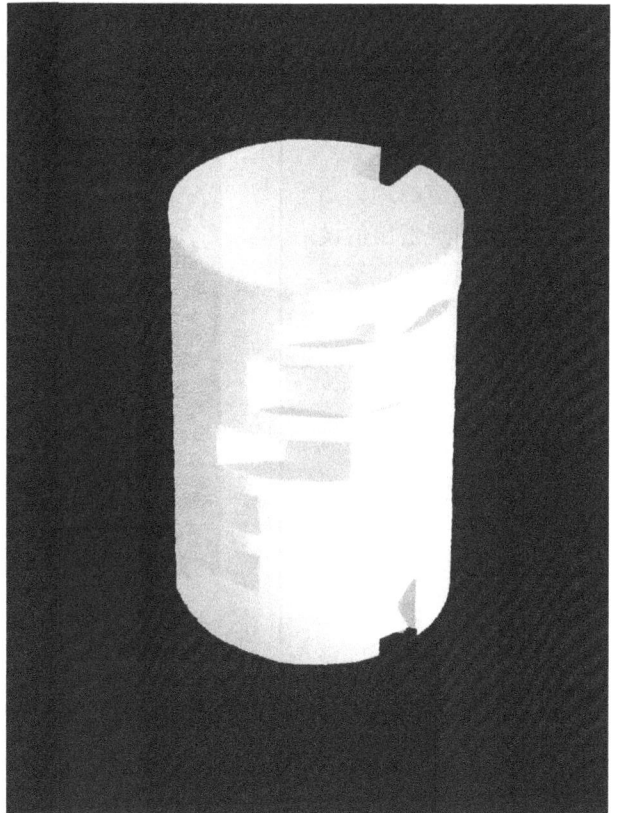

图 2.74 圆柱体空间构成表面处理作业

培养目标

圆柱的体量关系正如图所示，可以展现一个上下统一的空间，这样的空间内部允许不同元素的组合构成，训练的目的已经非常接近于让学生在建筑内部创造优秀的品质空间，这对于学生在未来的室内空间把握上有着十分重要的作用。

解题思路

将圆柱体分成几个不同的部分是制作的开始，它所应展现的空间构成是精湛技艺的展示，是对无限空间变化的探索，制作过程应结合相应的理论知识，同时抓住瞬间迸发出的设计灵感，从而不断深入地感知空间。

习题 38：圆柱体的空间构成（内部空间处理）

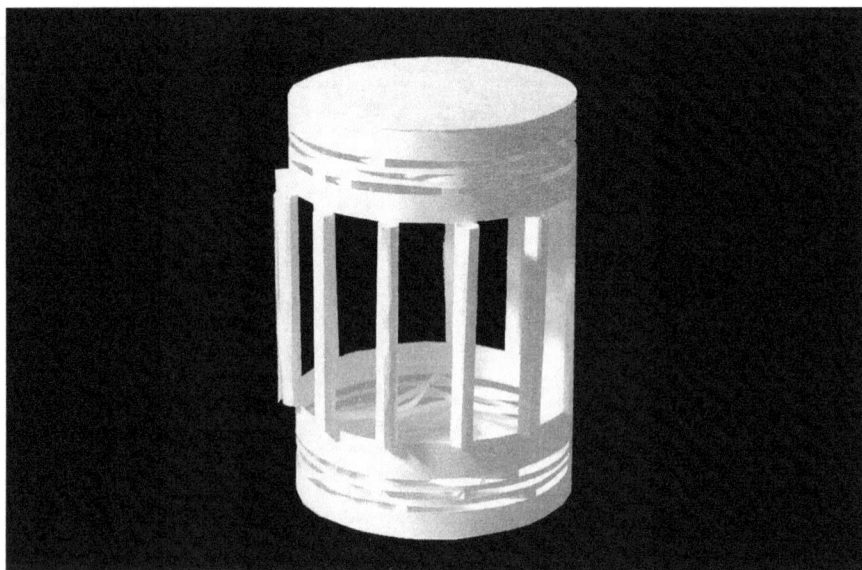

图 2.75 圆柱体空间内部空间处理例题

学生示范作业

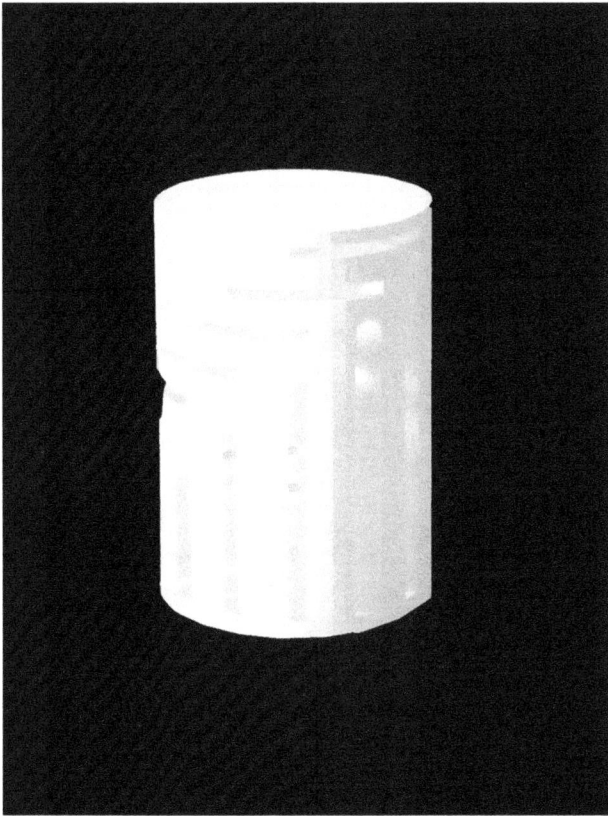

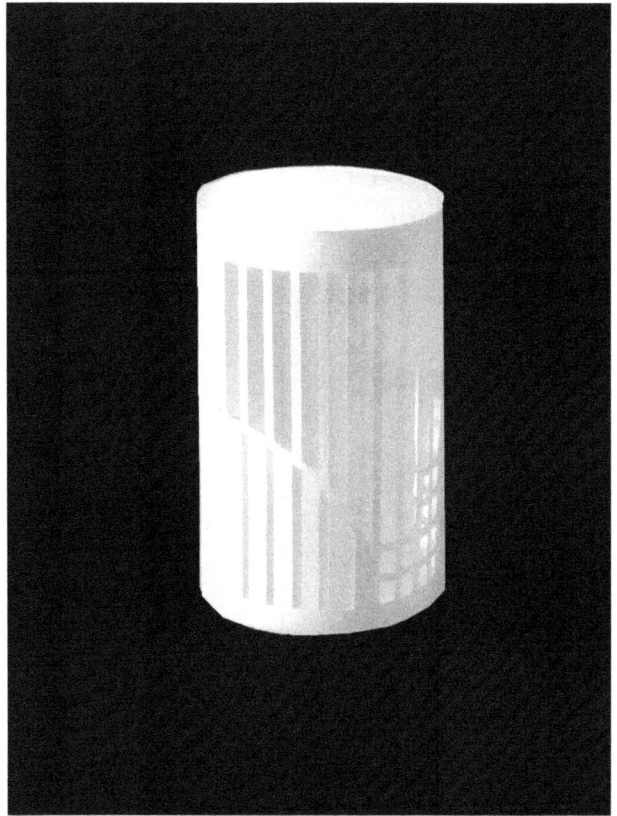

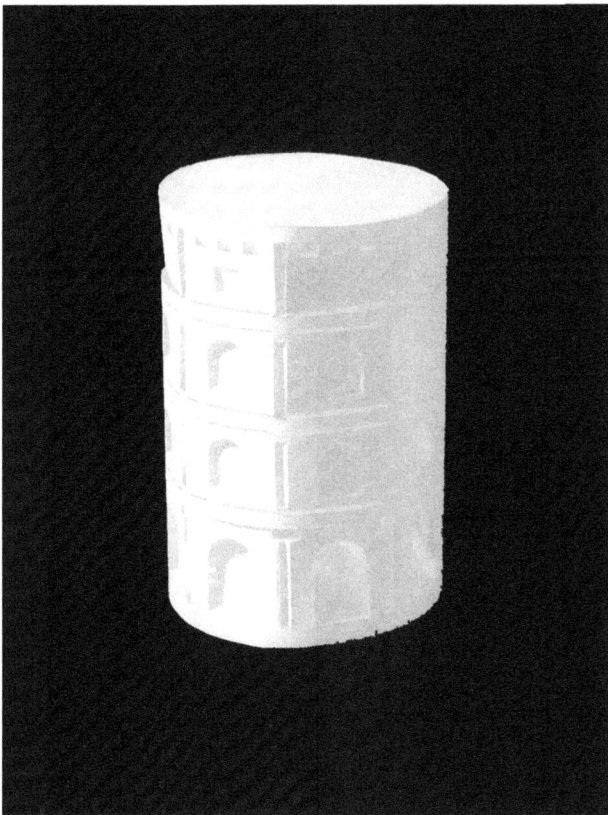

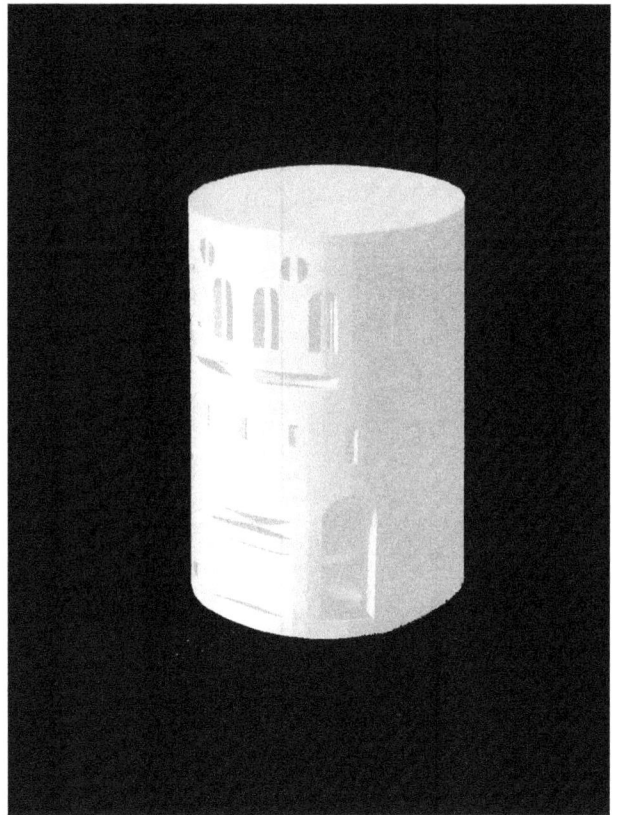

图 2.76 圆柱体空间内部空间处理作业

培养目标

　　将之前所学到的空间构成基本元素依据个人的抽象理解和美学认知运用到空间形体的自由组合中。这其中主要是运用字母、建筑细部来进行组合，训练学生对招贴版式的深层次理解，并将空间构成三维化的思考重新体现在二维空间的纸质中。

解题思路

　　在训练过程中，学生需要对所创作的内容有所理解，掌握字体等对建筑空间的影响，注意不同元素的组织的可融性，是否能达到抽象美学的要求。

习题 39：空间形体的自由组合

图 2.77 空间形体自由组合例题

学生示范作业

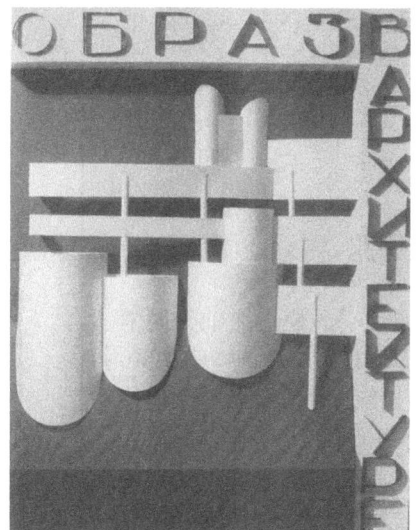

图 2.78 空间形体自由组合作业

培养目标

这道练习题综合了之前部分练习题的解题技巧，同学们在做这道练习题时一定要确保之前的习题已经熟练掌握。本练习旨在训练学生从宏观的角度构建建筑模型的能力，同学们在做练习时要注意建筑之间的等级关系、叠放次序、围合方法以及方位朝向。该题目标是让学生以人的尺度为参考来感受广场空间。

解题思路

在动手做模型之前，同学们首先要理解模型的空间关系、不同层次之间的联系，以便正确、合理地掌握做模型的顺序，建议同学们依旧用折纸法做模型，也可以依据个人喜好选取不同的模型材料构筑建筑空间，能表达出想要的空间效果即可，最后，同学们可依据个人兴趣制作两到三个模型。

习题 40：广场空间构成

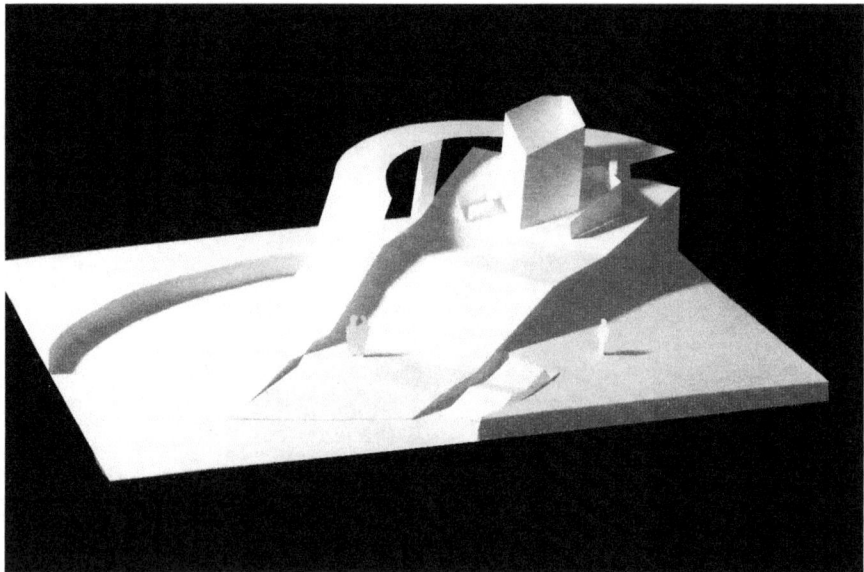

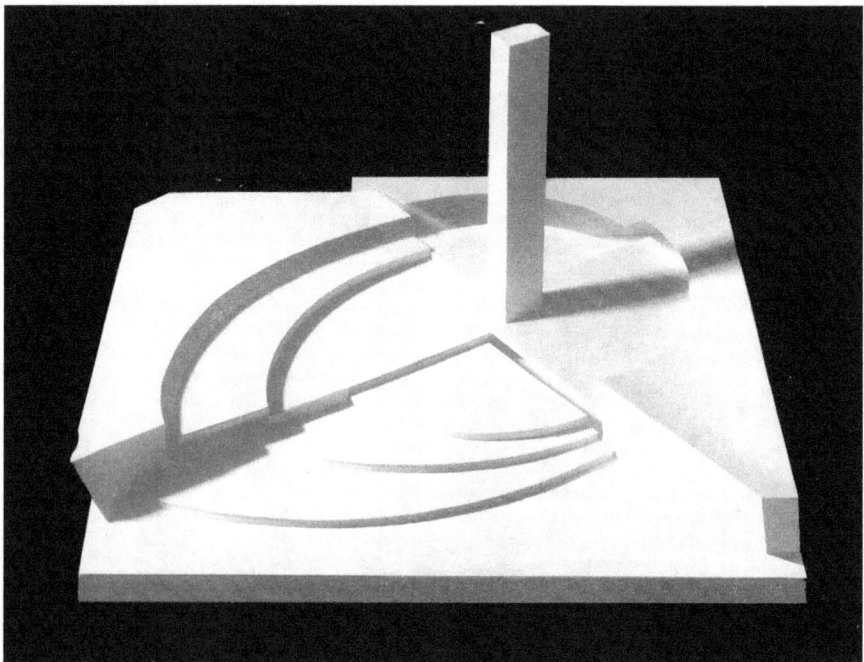

图 2.79 广场空间构成例题

学生示范作业

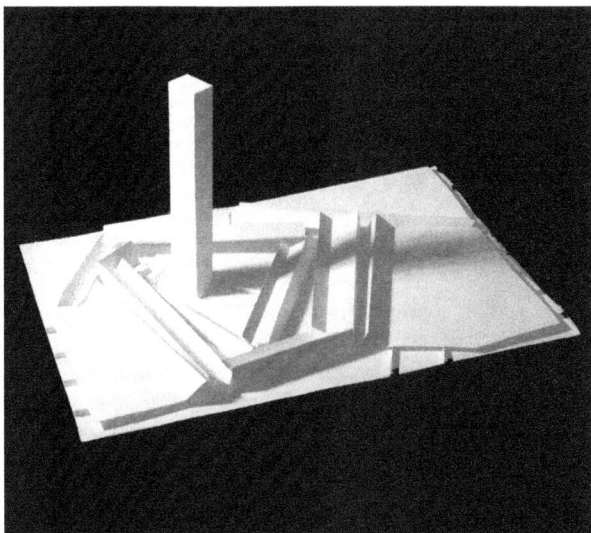

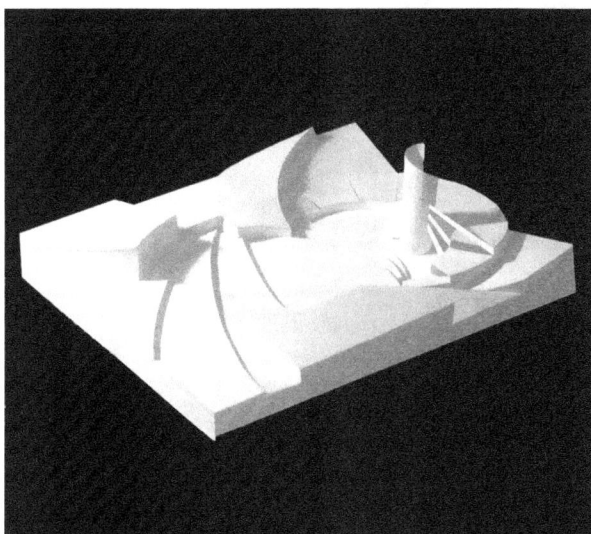

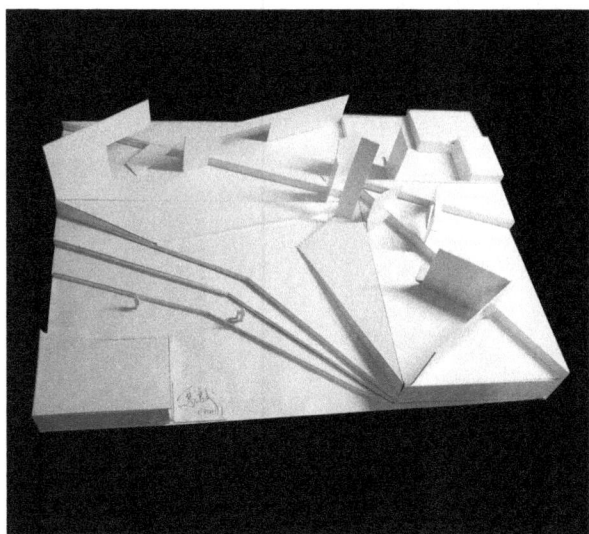

图 2.80 广场空间构成作业

培养目标

　　低层建筑的例子选取在更为接近人的尺度的一至二层建筑中，这样的建筑体量虽然不如高层、多层建筑的体量宏伟，但其细节更容易让人体会，空间的处理也是以人的尺度在进行设计，培养学生在小型建筑中充分实现空间的表现力。

解题思路

　　小型体量的设计往往需要同学对黑、灰、白三种空间的细致理解，在观察建筑之后，将空间和体形进行区别分类，以室内、室外、半室内等空间形式将其分类，并进一步在此基础上探究造型的变化。

习题 41：低层建筑空间构成解析　　　　　　　　水之教堂

设计师：安藤忠雄
建设地点：日本，星野北海道
建设时间：1988 年
建筑面积：520 ㎡

图 2.81 水之教堂空间构成例题

研究方法		现象	法则	思考
单元到整体		建筑与场地之间通过有序的几何形体进行连接，有机感强烈。	在每一个独立单元的基础上用加法原理添加辅助空间，又用减法切割形成独特的形态。	在几何有序的控制下，加入教堂前端的十字架，使场地空间具有前进感和方向感，以指引心灵。
	加法			
	减法			
	整体			

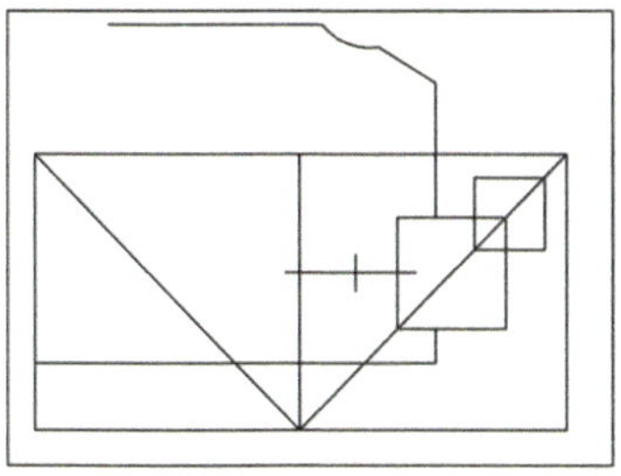

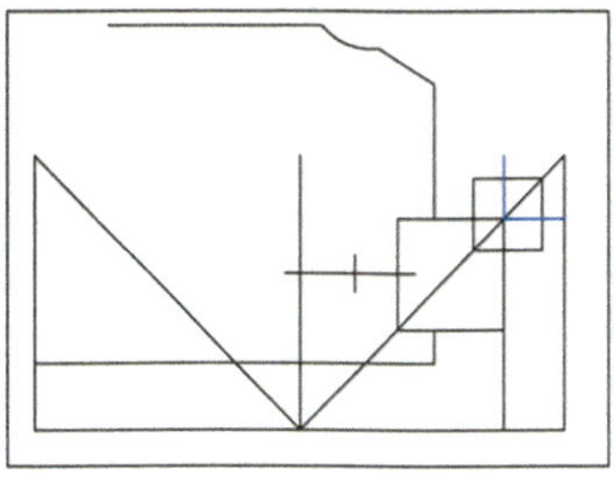

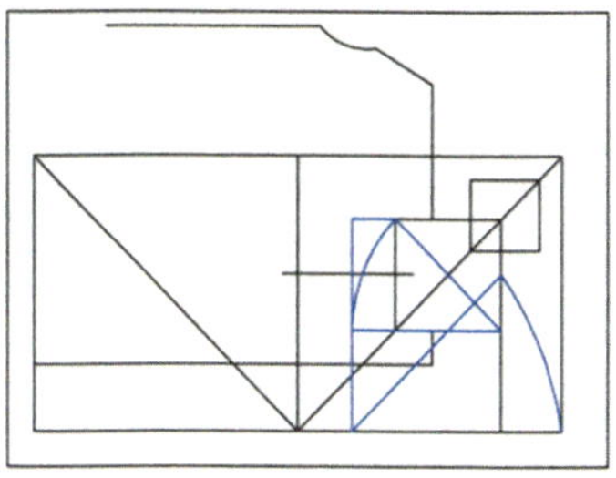

研究方法		现象	法则	思考
重复到独特		平面相同的几何形体的组合。	转换衔接位置，形成一定变化，增强空间的秩序感，同时形成主体建筑的独特感。	建筑室内连接引入扇形空间，统一中求变化。
	特殊			
	组合			
	穿插			

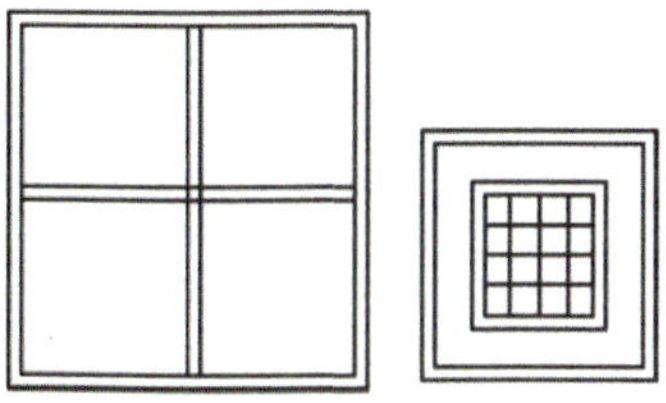

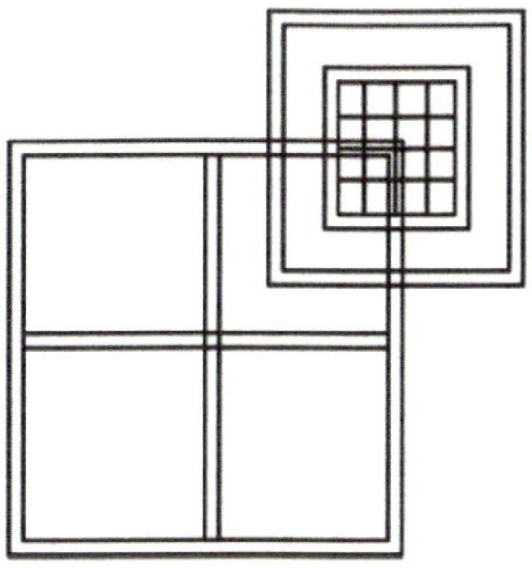

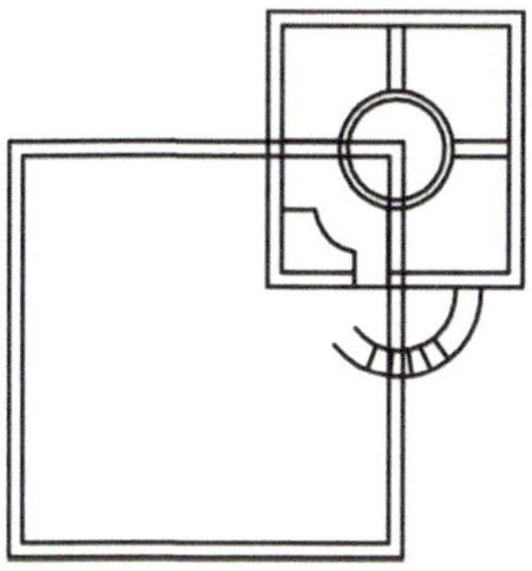

研究方法		现象	法则	思考
对称到等级		建筑一层平面，圆形与方形连续过渡，各自对称，等级感一致。	由一层空间过渡到二层空间，建筑主体开始突出，方形形体开始占据主导地位。	顶部空间以相对独立的形态突出主题形象，等级惟一。
	划分			
	控制			
	秩序			

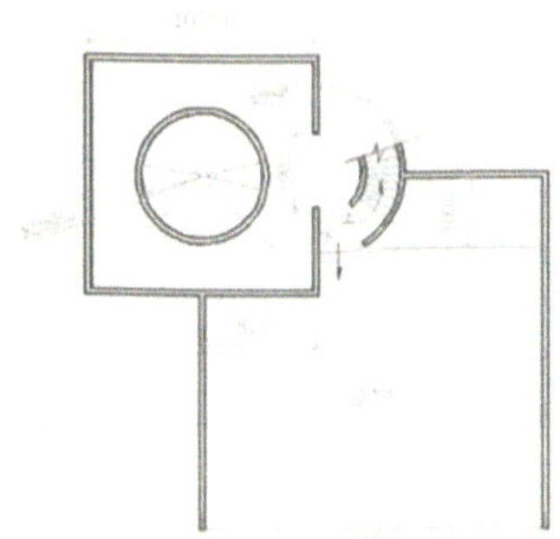

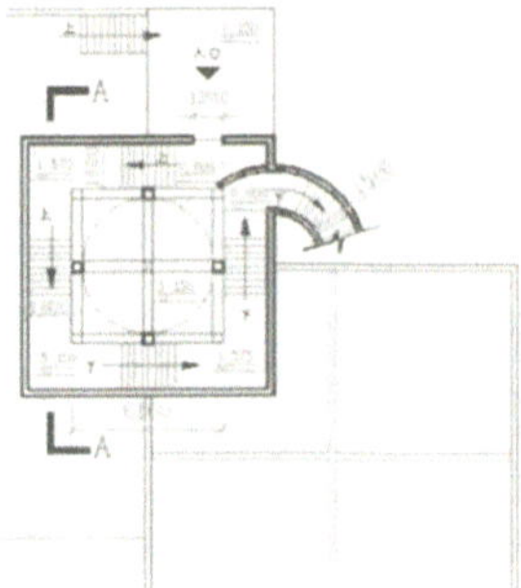

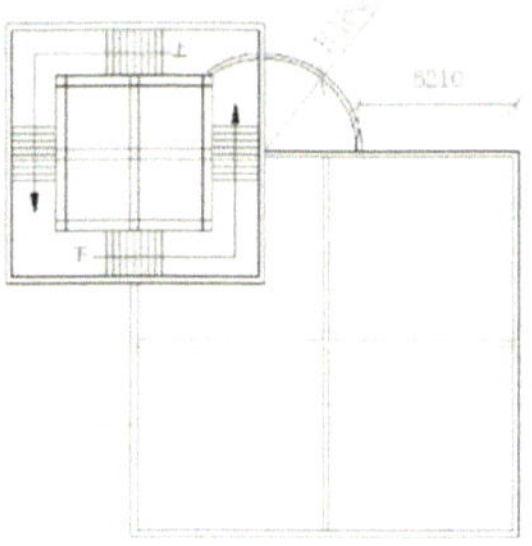

图 2.82 水之教堂空间构成分析

学生作业

波兰黑色魔方别墅

建筑设计：KameleonLab
地　点：波兰 佛罗茨瓦夫

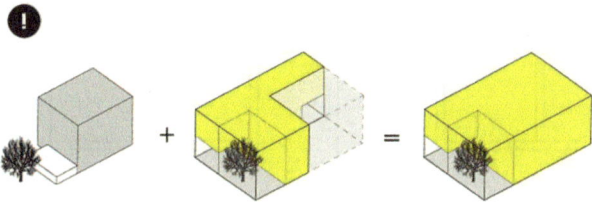

the addition of extra living space

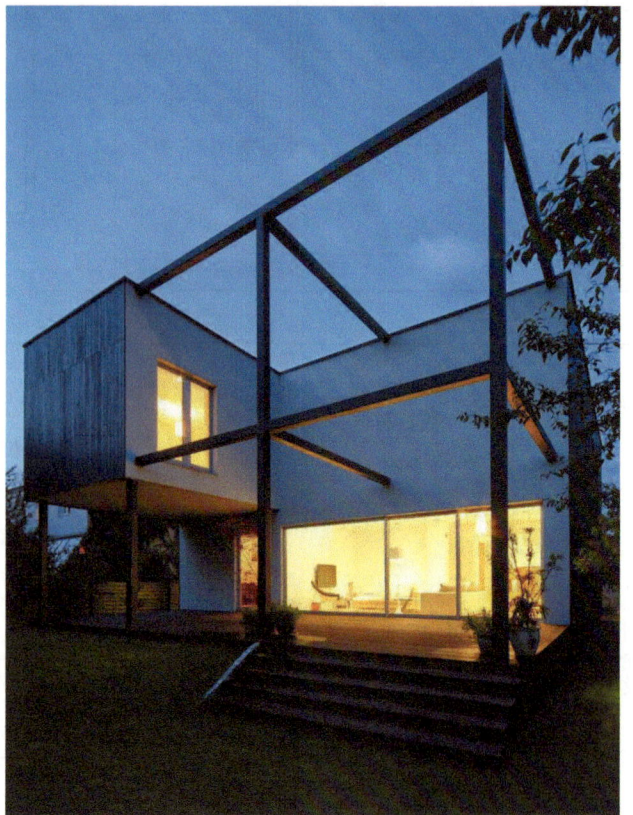

图 2.83 波兰黑色魔方别墅空间构成例题

研究方法		现象	法则	思考
单元到整体		各个功能体块均匀分布。	通过交通空间将各个功能空间组织起来。	垂直空间的限定以楼层的分割为主。
	加法			
	减法			
	整体			

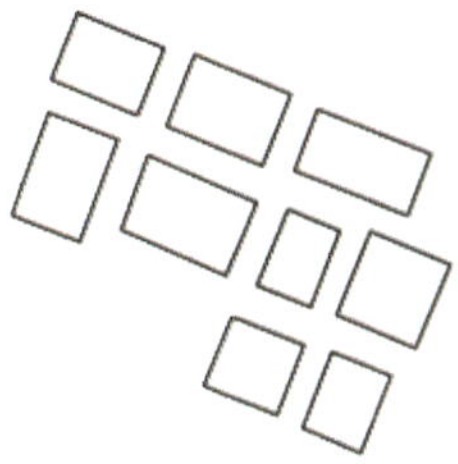

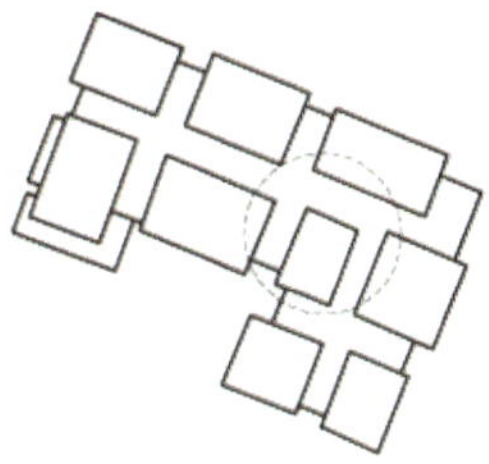

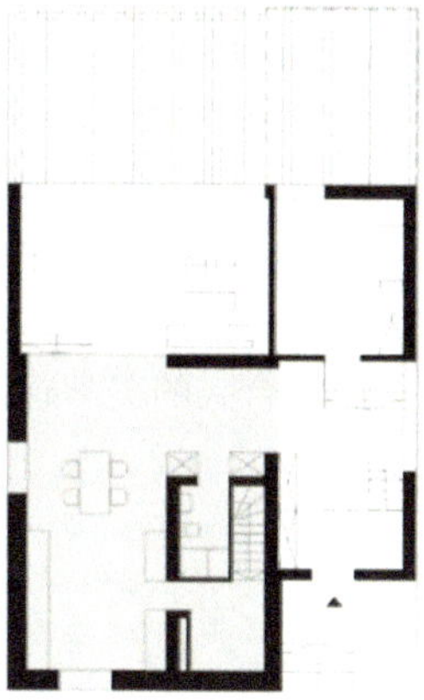

研究方法		现象	法则	思考
重复到独特		一些功能空间相互叠加、穿插，构成二元空间。	公共空间将各个功能空间组织起来，形成一个整体。	多种空间相互交融形成复杂的二元空间。
	特殊			
	组合			
	穿插			

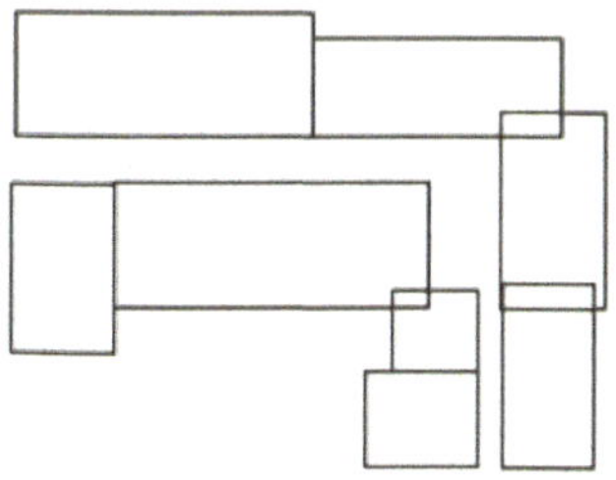

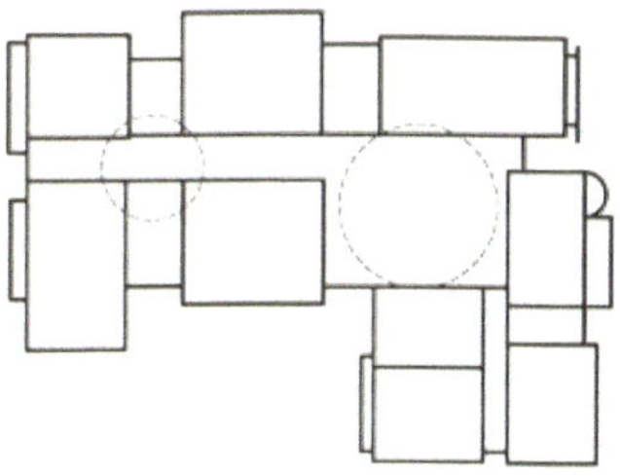

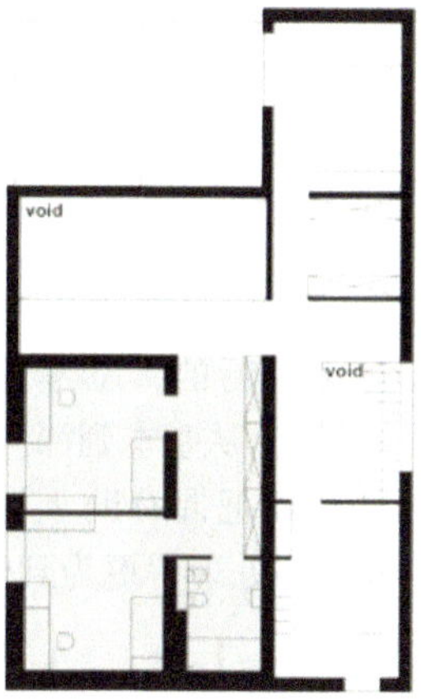

研究方法		现象	法则	思考
对称到等级		小空间相互联系形成大空间组团。	放射的多元空间是由集中式的大空间所形成的。	多元空间的图底关系是由小组团的互融所得来的，整体的功能服务于这样的空间。
	划分			
	控制			
	秩序			

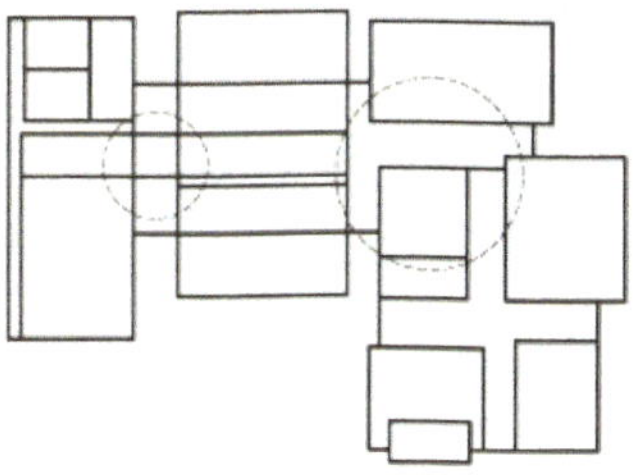

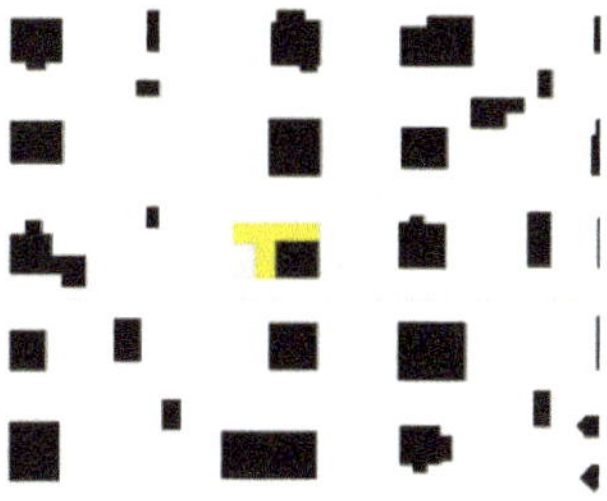

图 2.84 波兰黑色魔方别墅空间构成分析

培养目标

多层建筑的空间解析意在让学生能对近地空间的建筑更为深切地进行感知，建筑的本体艺术因为尺度的关系更贴合人的感知范围，这样的训练可以让学生在建筑设计的过程中掌握更多的手法，并将体量关系处理得更符合人的美学感官。

习题 42：多层建筑空间构成解析   MYTHOS 神话大厦

建筑设计：ARX 建筑事务所
项目地点：葡萄牙，里斯本
竣工时间：2012 年
占地面积：15300 ㎡

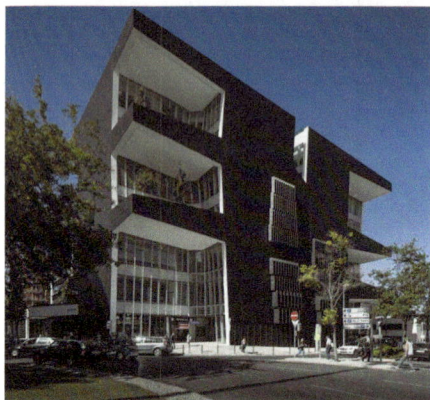

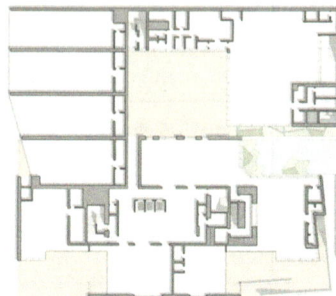

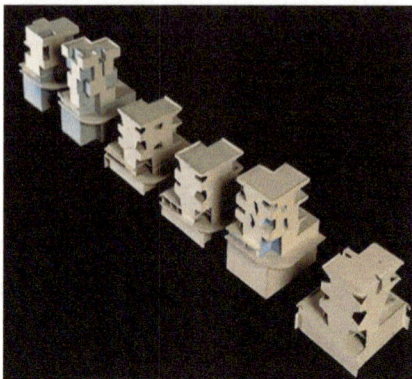

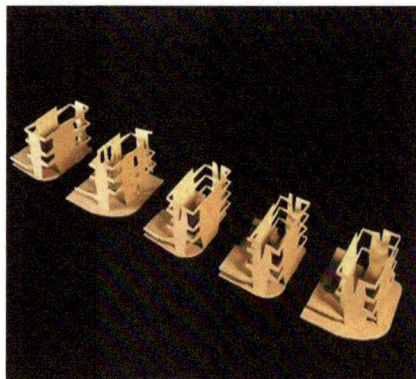

解题思路

建筑的生成是在简单几何体的基础上进行的，思考过程应当由简入繁，从基本到深入，对过程的细致把握有助于将建筑的空间关系处理得更为到位。

习题 42：多层建筑空间构成解析

图 2.85 神话大厦空间构成例题

研究方法		现象	法则	思考
空间方向的限定	水平限定	周边体块的围合形成室外中庭空间，由中庭统领整个平面布局。	通过每一个建筑内部空间的水平、垂直限定及相互的穿插组合形成多层次的空间限定。	垂直空间的限定以楼层的分割为主。
	垂直限定			
	多层次限定			

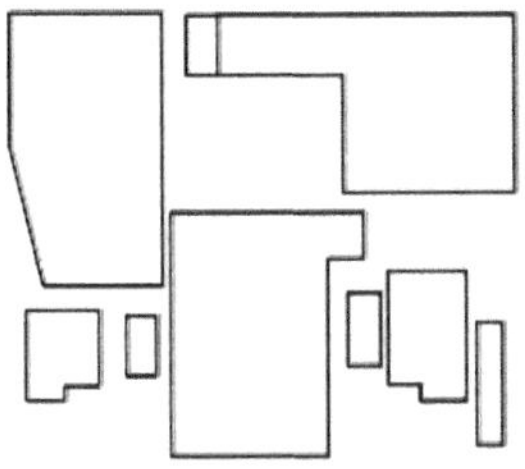

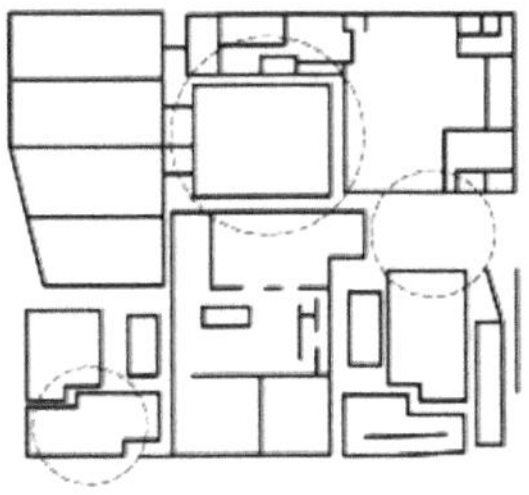

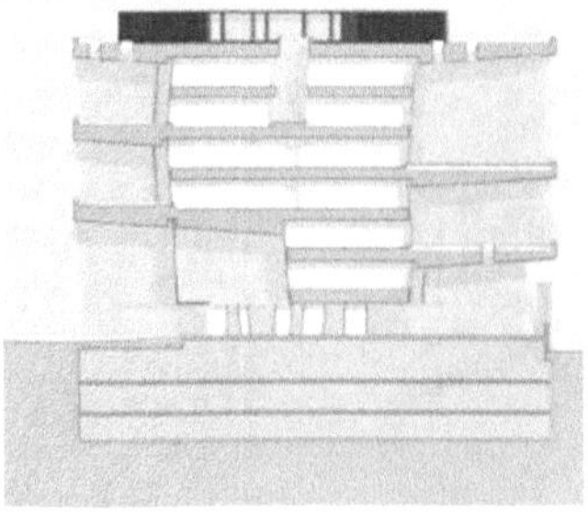

研究方法		现象	法则	思考
二元空间的构成关系	包容	底部一层大堂的空间相互连接，同时通过灰空间与外界联系。	通过二层平台的不规则空间叠加形成丰富的空间组合。	多种形体的组合、穿插形成二元空间的变化。
	穿插			
	叠加			

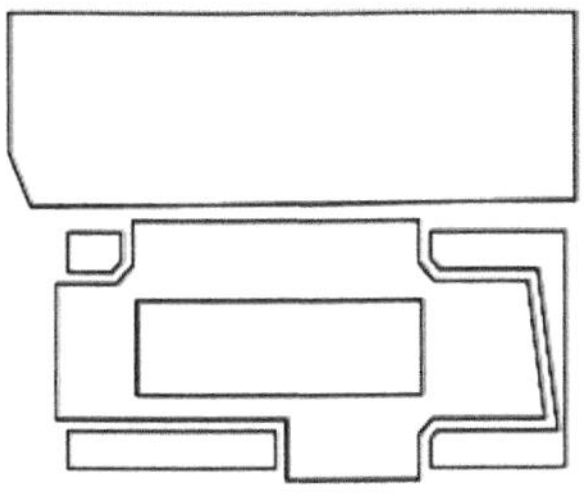

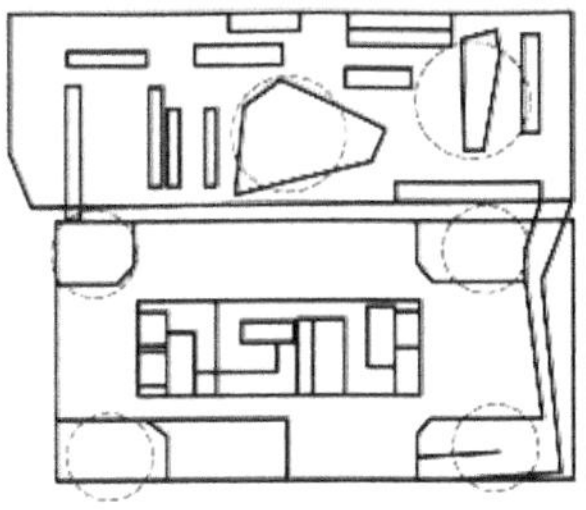

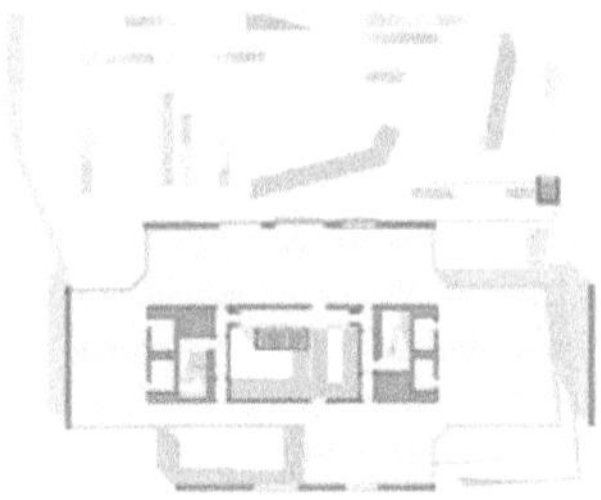

研究方法		现象	法则	思考
多元空间构成关系	串联式	大空间引领小空间，放射的空间形式是该建筑的联系方式。	以走道为中心，两边布置小空间，形成组团式空间。	中间集中空间为主轴，周边布置开放性组团，将多元空间的形式发挥到极致。
	放射式			
	组团式			

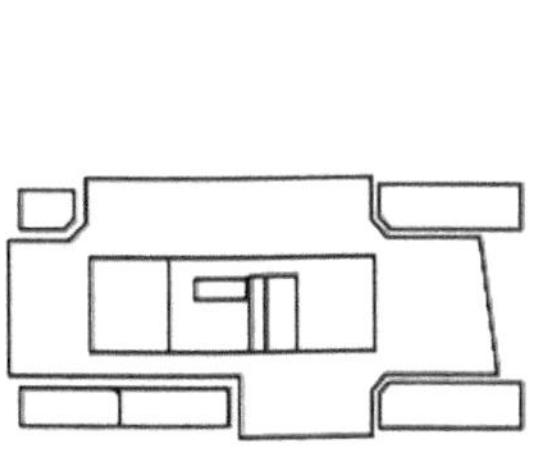

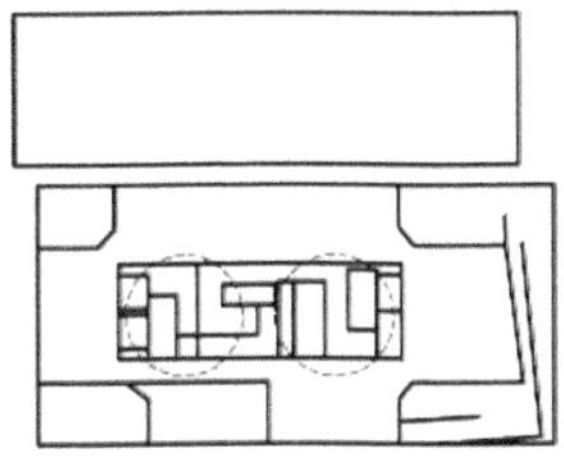

图 2.86 神话大厦空间构成分析

学生作业

清华大学美术学院

建筑设计：Perkins&Will
地　　点：清华大学，北京，中国
竣工时间：2009 年
建筑面积：60800 ㎡

图 2.87 清华大学美术学院空间构成例题

研究方法		现象	法则	思考
空间方向的限定	水平限定	轮廓由曲线和折线组成，立面造型丰富。	几个不规则形体的组合，建筑造型极具雕塑感。	不规则形体，其中墙体并不是全部垂直于地面，而是有部分出现倾斜。
	垂直限定			
	多层次限定			

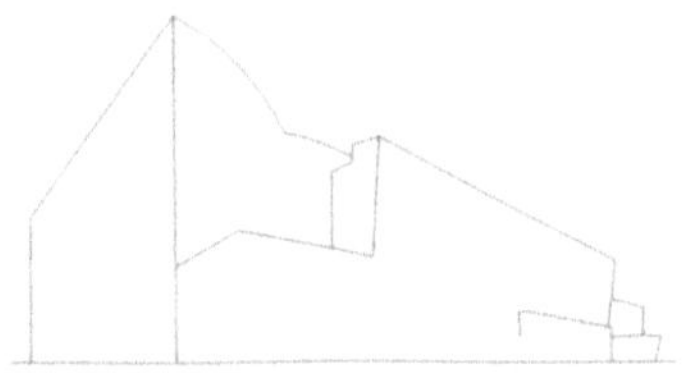

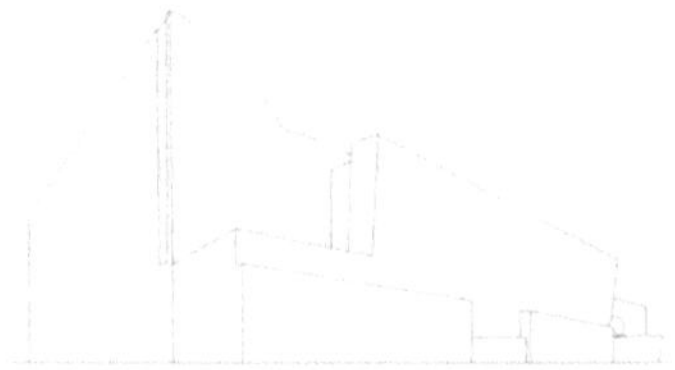

研究方法		现象	法则	思考
二元空间的构成关系	包容	几个不规则图形的组合。	不规则的弧线，形成尖角，使形体有向上的动势，墙面倾斜，形成倾斜的动势。	水平窗的分隔形成水平方向的动势。
	穿插			
	叠加			

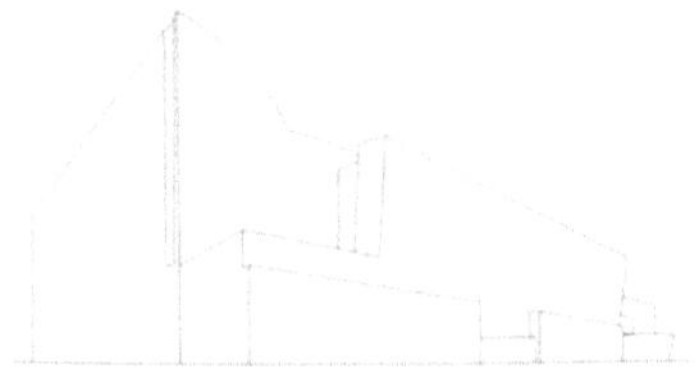

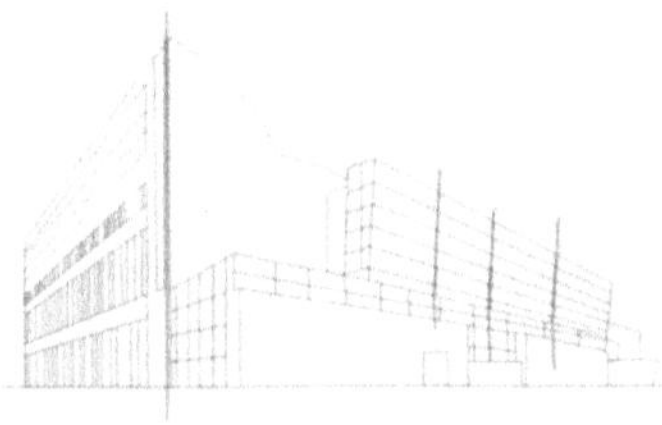

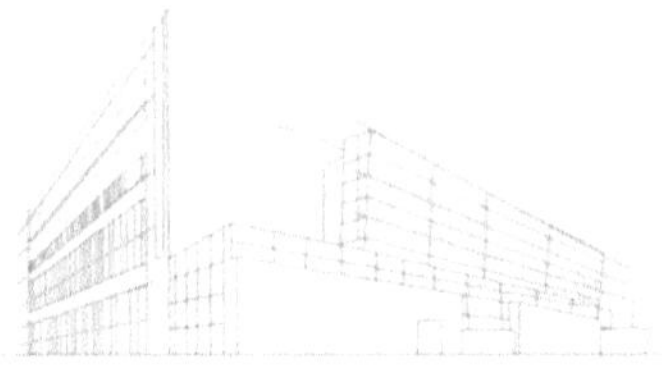

研究方法		现象	法则	思考
多元空间构成关系	串联式	色彩表示体块组合的关系。	水平方向的带形窗为整个造型带出了主题感，强化了建筑的气势。	建筑的开窗形式增加了整体的活力感，让形体富有活性。
	放射式			
	组团式			

图 2.88 清华大学美术学院空间构成分析

培养目标

空间构成的抽象学习在经历了一系列几何形体的训练之后，最终应可以在将来的建筑创作中有所运用，该训练是以高层建筑为实例，观察其平面和立面，以空间的构成知识为基础来进行整体的分析，通过这样的训练，学生不仅可以增强在实际建筑中的空间处理能力，更能体会世界一流建筑师的创作思路。

解题思路

这一训练需要学生有较强的解析能力，把实体建筑进行一定形式的抽象，要仔细观察各部分的关系，最终用清晰的体量关系将建筑空间的艺术性表达出来。

习题 43：高层建筑空间构成解析　　　　　　　　香港中银大厦

建筑设计：贝聿铭
建设地点：香港，中国
竣工时间：1989 年
建筑面积：12.9 万 ㎡

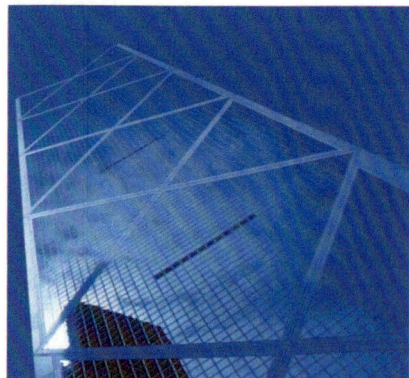

图 2.89 香港中银大厦空间构成例题

研究方法		现象	法则	思考
单元到整体		将平面通过对角线四等分，逐层升起，体现成长的设计理念。	节节升高使得各个立面在几何体的规范中变化多端。	体形象征力量，节节升高、锐意进取之精神。
	加法			
	减法			
	整体			

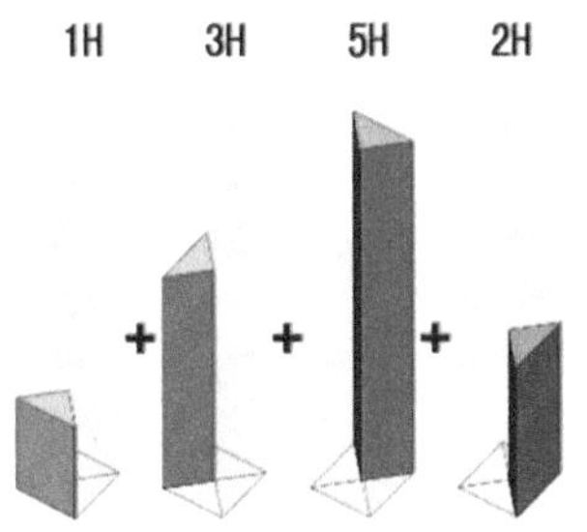

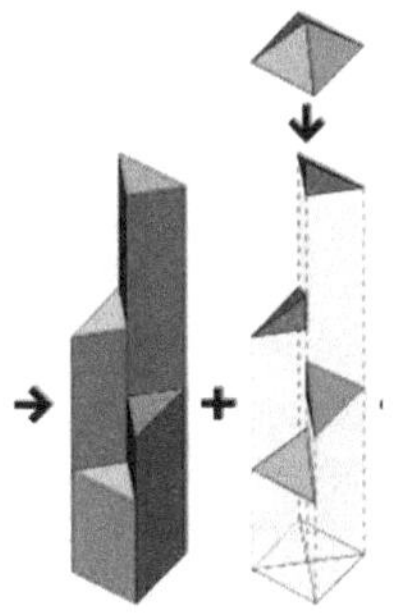

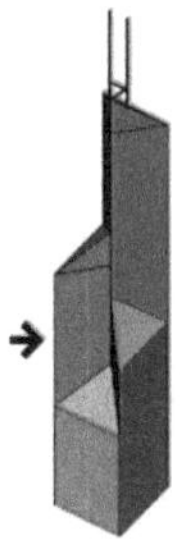

研究方法		现象	法则	思考
重复到独特		大体量的矩形有序组合，几何比例美观。	顶部形成一定的变化，增强空间的秩序性。	立面分割，形成秩序感与生长性。
	特殊			
	组合			
	穿插			

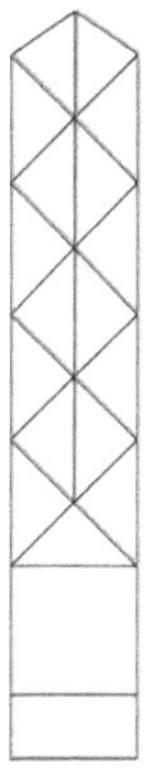

研究方法		现象	法则	思考
对称到等级		竖直的体形关系有了多元空间的联系，让建筑的本体有了更好的组合感。	平面影响立面的空间感觉，最终目的是为了实现有特色的建筑形式。	立面的连续性因变化而更加有特点，建筑的高度由此更为突出。
	划分			
	控制			
	秩序			

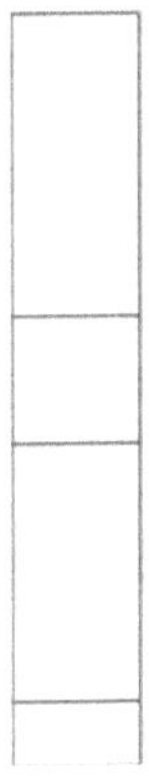

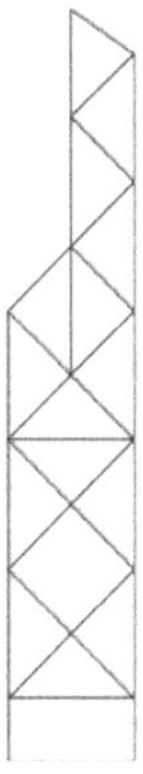

图 2.90 香港中银大厦空间构成分析

学生作业

洛克菲勒广场西楼

建筑设计：KPF 事务所
建设地点：纽约曼哈顿中心，美国
竣工时间：1991 年
建筑面积：148640 ㎡

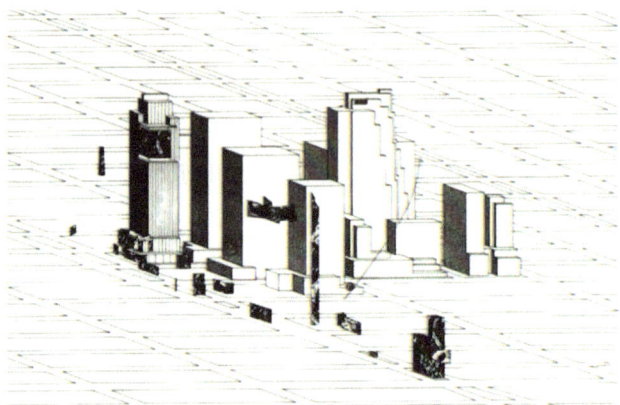

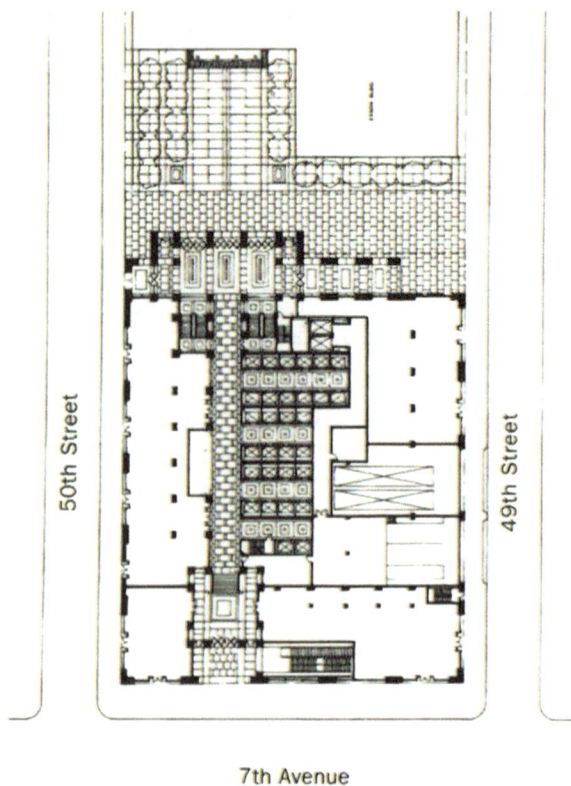

50th Street

49th Street

7th Avenue

图 2.91 洛克菲勒广场空间构成例题

研究方法		现象	法则	思考
空间方向的限定	水平限定	周围体块形成建筑的中庭空间，由中庭统领整个平面布局。	通过建筑内部空间的水平、垂直限定，形成多层次的空间关系。	垂直空间的限定以楼层的分割为主。
	垂直限定			
	多层次限定			

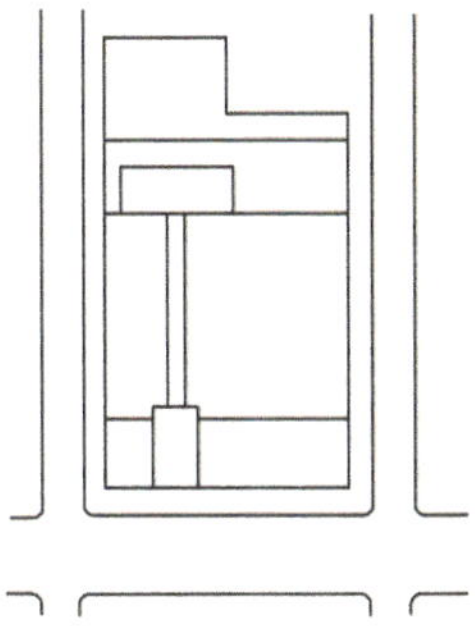

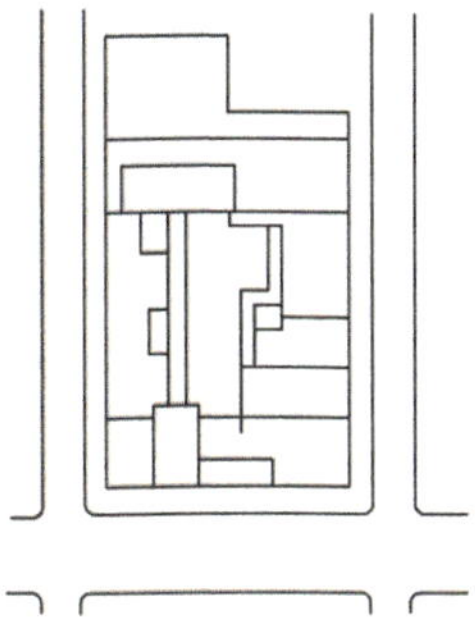

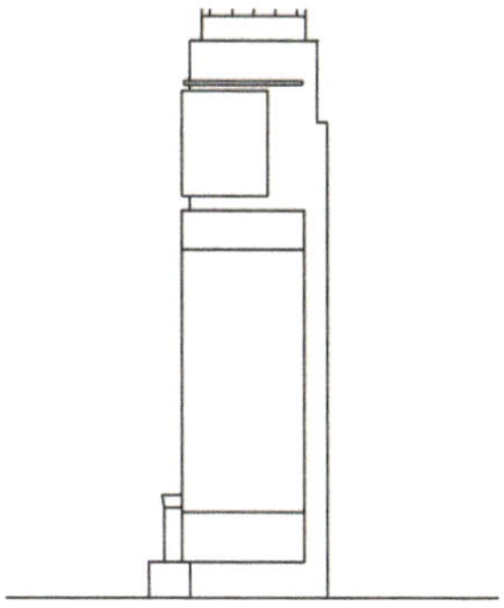

研究方法		现象	法则	思考
二元空间的构成关系	包容	底部一层大堂的空间相互连接，同时通过灰空间与外界联系。	组成大厦的各个部分相互穿插，形成丰富的空间。	多种空间包容、相交形成复杂的二元空间。
	穿插			
	叠加			

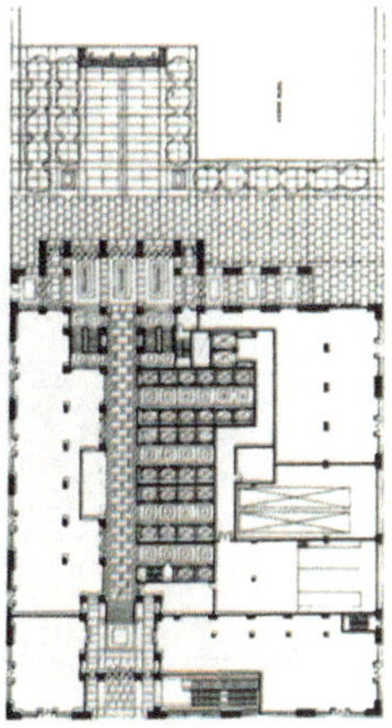

研究方法		现象	法则	思考
多元空间构成关系	串联式	周边的小空间围绕中庭的大空间而发散形成放射的多元空间。	以走道为中心，两边布置小空间，建筑组织围绕中心向上开展。	以集中式的空间为主轴，两边布置组团空间，使得空间形态多种多样。
	放射式			
	组团式			

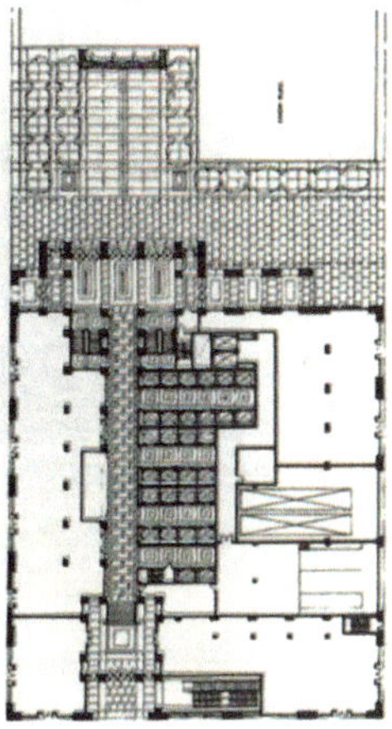

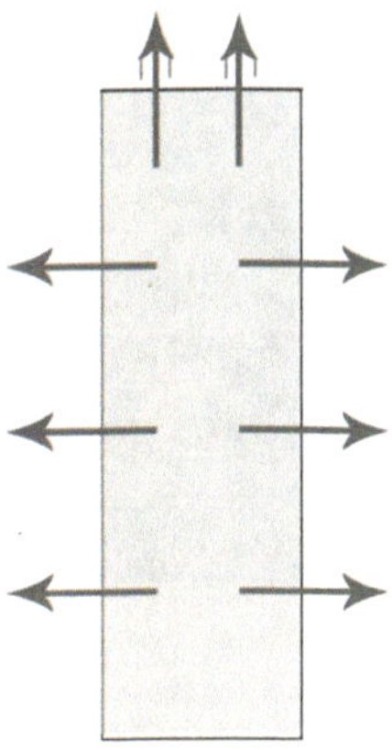

图 2.92 洛克菲勒广场空间构成分析

培养目标

　　现代建筑伊始，建筑空间涉及从古典到现代的变化。建筑师在探寻现代创新手法的过程中，也在找寻空间的创新之处。通过这样的训练，学生能体会到当时建筑创作的背景，对自己的空间原始表达也会有所帮助。

解题思路

　　功能的分析是对空间构成进行解析的前提，熟悉空间有助于解决建筑的本体造型问题。学生可以通过这样的例子再对大师之作进行分析。

习题 44：1945 年前（二战前）空间构成作品解析　　　　包豪斯校舍

建筑师：格罗皮乌斯
建设地点：魏玛，德国
建设时间：1919–1933

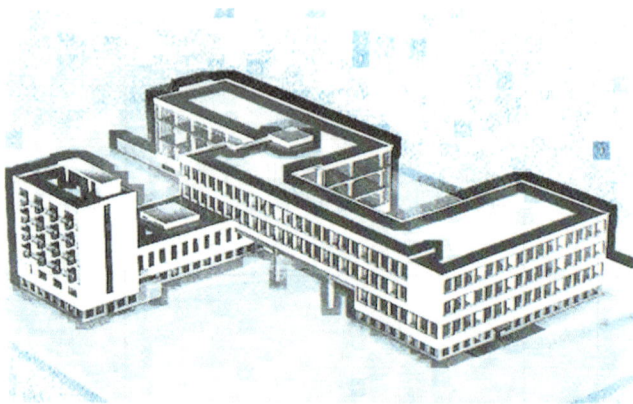

图 2.93 包豪斯校舍空间构成例题

研究方法		现象	法则	思考
空间方向的限定		不同的功能用房独立分隔，互不影响。	高与低的对比、长与短的对比、纵向与横向的对比。	将一个个独立单元沿轴线组合起来，形成特有的平面形态。
	水平限定			
	垂直限定			
	多层次限定			

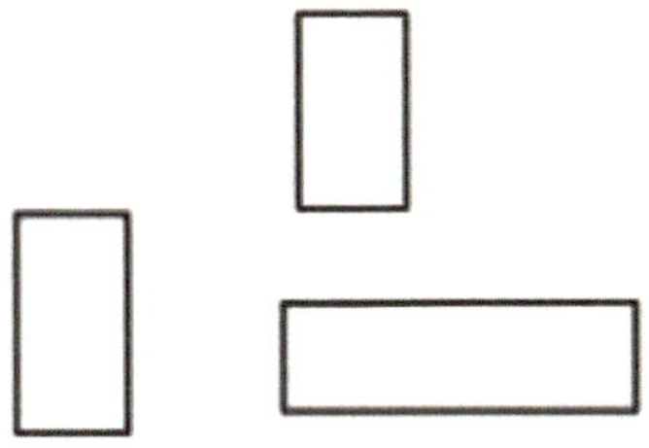

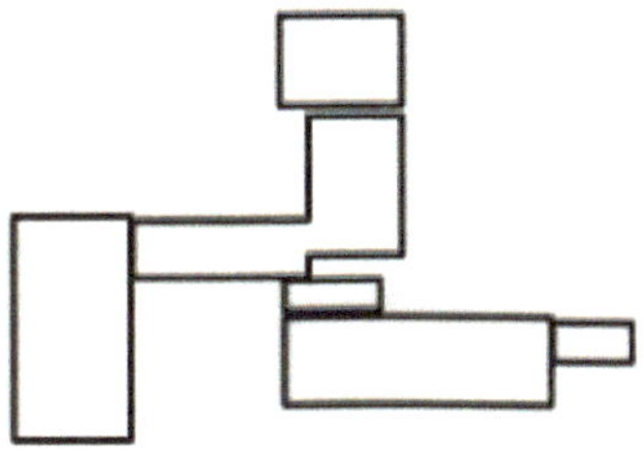

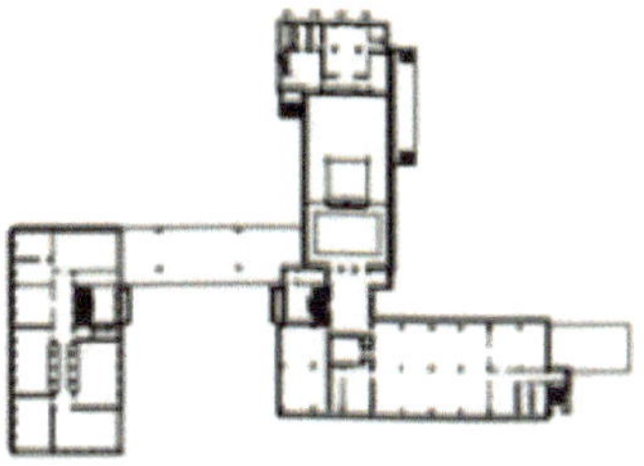

研究方法		现象	法则	思考
二元空间的构成关系		将单元划分为几组相同形态的几何形体，用几个相同的形态重组。	相似形体的叠加造成丰富的形体效果。	将重复的工作间为单元体的形态和以辅助用房为特殊形态的空间进行组合，突出服务与被服务的空间形态。
	包容			
	穿插			
	叠加			

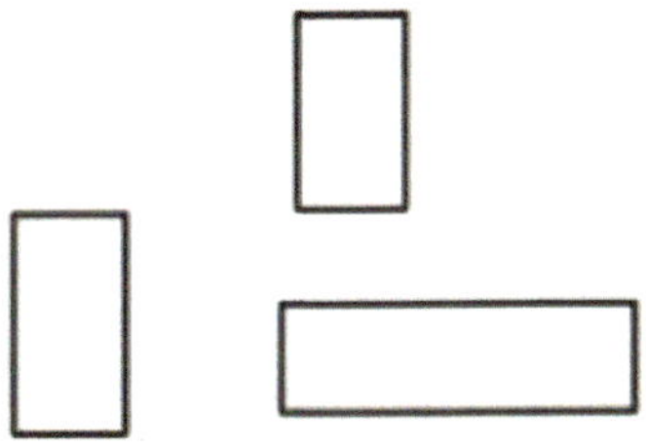

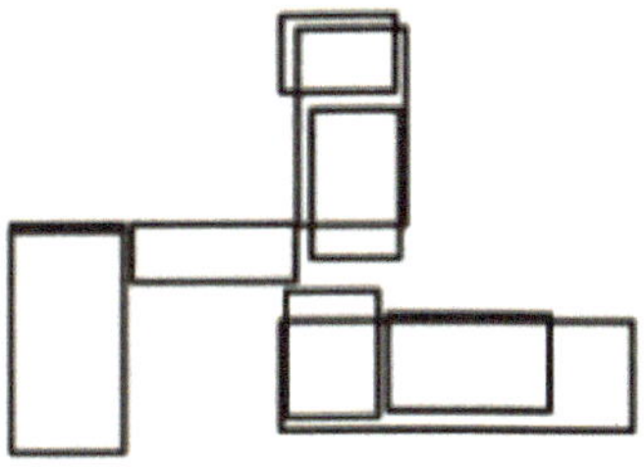

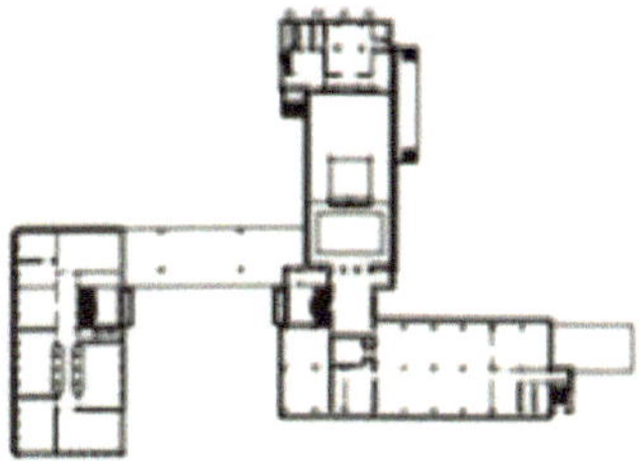

研究方法		现象	法则	思考
多元空间构成关系		注重空间的通透与动态平衡，并且注重空间的向外发展，真正体现了一种动态平衡。	这是一个多方向、多体量、多轴线的建筑物，与之前的建筑相比可谓是独树一帜。	三座楼沿逆时针方向平移一个网格，形成"卍"的形式，打破对称的布局，有高度向心性。
	串联式			
	放射式			
	组团式			

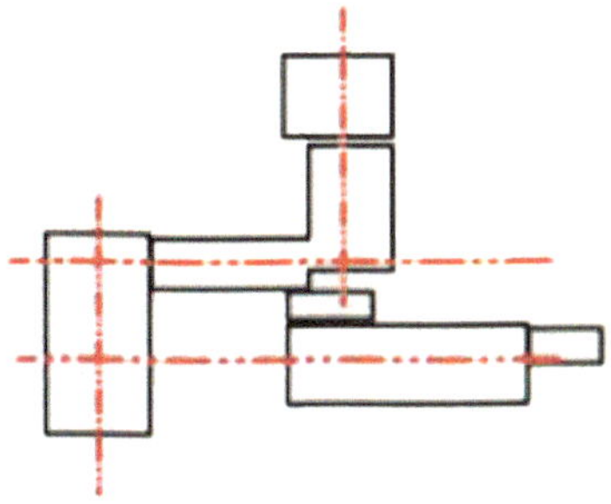

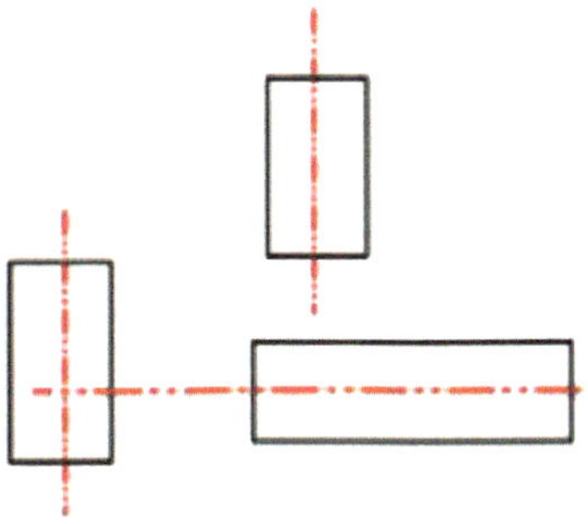

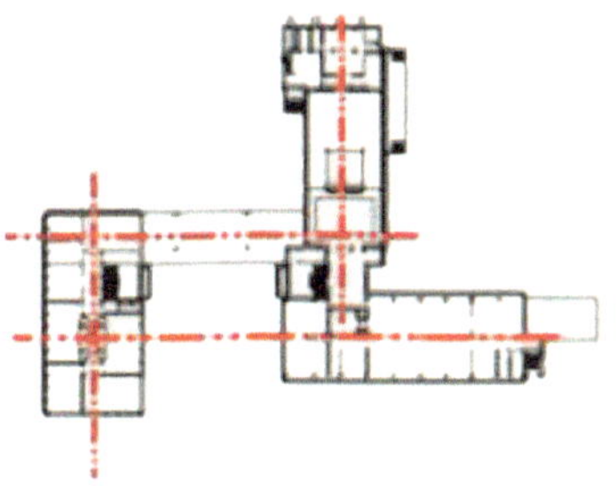

图 2.94 包豪斯校舍空间构成分析

学生作业

流水别墅

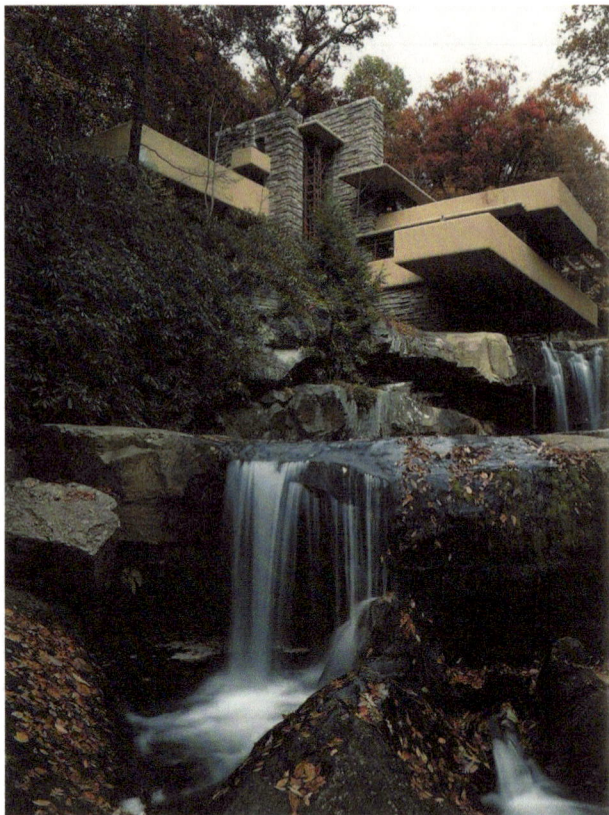

设计师：弗兰克·劳埃德·赖特
建设地点：美国宾夕法尼亚州匹兹堡郊区熊溪河畔
时间：1934 年
建筑面积：约 380 ㎡

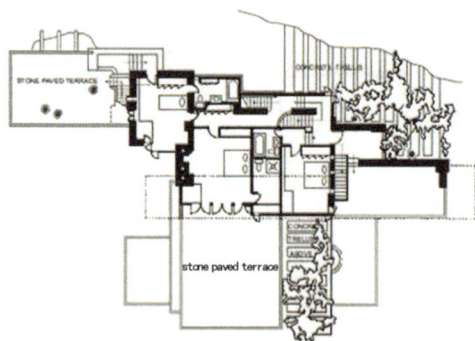

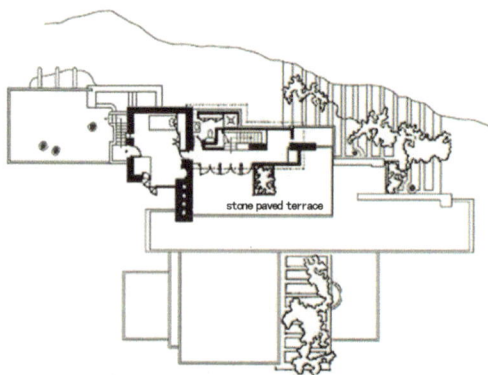

图 2.95 流水别墅空间构成例题

研究方法		现象	法则	思考
空间方向的限定		该建筑的平面大体上由两个方形构成，交互联系。	主体建筑的形式由多个长方形叠加整合而成。	横竖长方形的搭接使得该建筑的外观富有变化。
	水平限定			
	垂直限定			
	多层次限定			

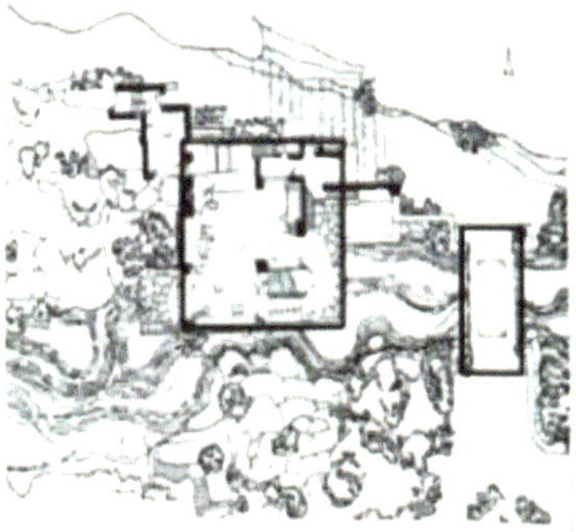

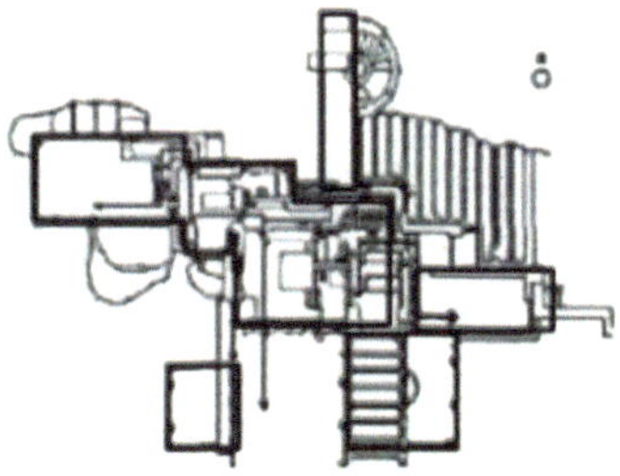

研究方法		现象	法则	思考
二元空间的构成关系		建筑在一个有坡度的地形上，依山而建，与环境结合良好。	退台式的设计使得建筑可以更好地收集阳光和美景，使内外空间相联系。	大面积混凝土板与低矮的举架形成了变化丰富的室内空间。
	包容			
	穿插			
	叠加			

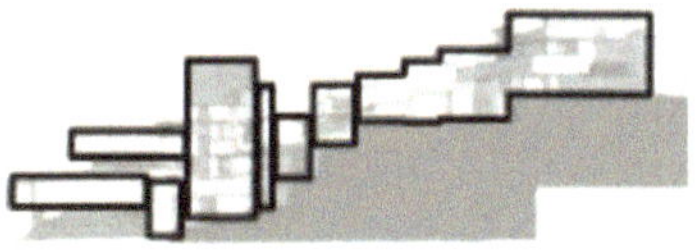

研究方法		现象	法则	思考
多元空间构成关系		建筑主体是一个类似中心对称的图形体块。	本层的楼板与下层的楼梯、天台构成了虚实的对比。	不同平台间的错落和整体的扭转构成了变化多端的空间形态。
	串联式			
	放射式			
	组团式			

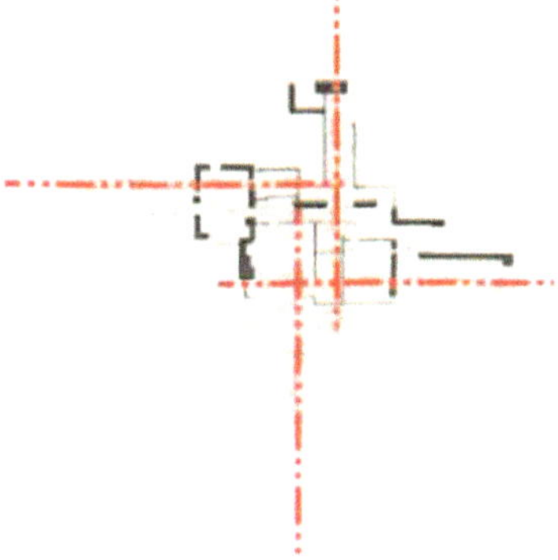

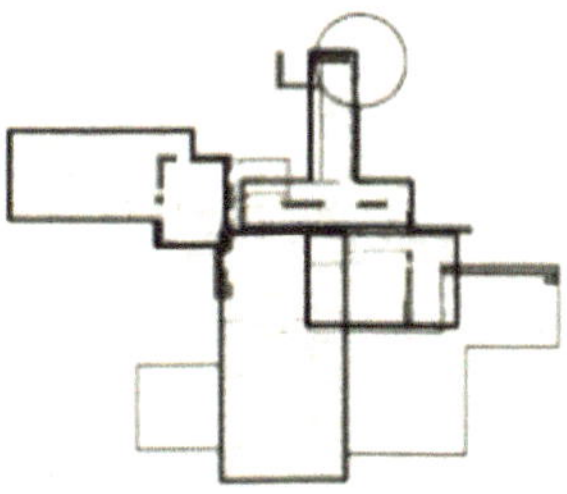

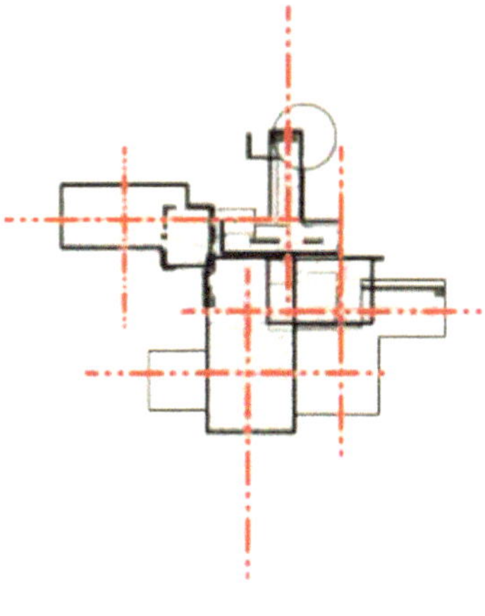

图 2.96 流水别墅空间构成分析

培养目标

在 1945~1975 年间，建筑空间的形式，由于建筑师的积极探索而呈现出蓬勃之势，在这一时期，空间的组合穿插已经变得非常丰富，在这样的训练中能让学生清晰地感知空间的变化。

解题思路

将复杂的建筑简单化，并将简单几何形体的组合进行整合梳理，这样有助于建筑的整体分析，建筑拆解的过程是空间整合的逆过程。

习题 45：1945~1980 年空间构成作品解析　　美国美术馆东馆

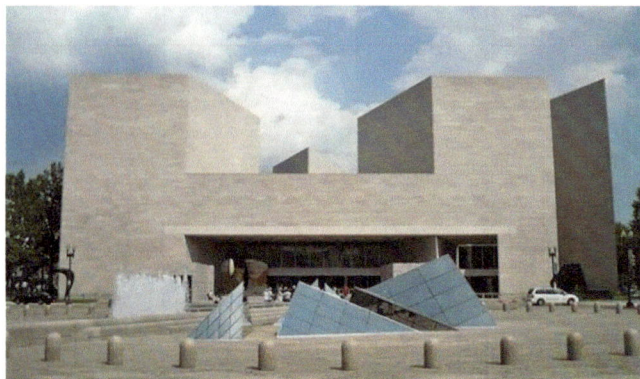

设计师：贝聿铭
建设地点：美国华盛顿
竣工时间：1978 年

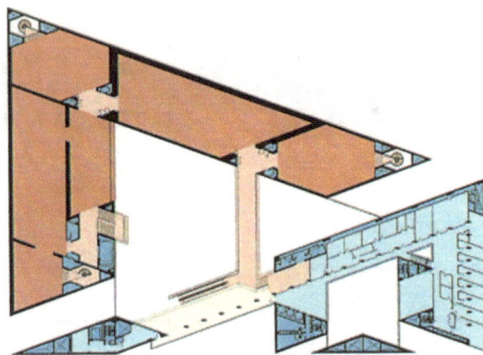

图 2.97 美国美术馆东馆空间构成例题

研究方法		现象	法则	思考
空间方向的限定		平面基本由等腰三角形、直角三角形和梯形构成。	在各三角形的内部，再用三角形、梯形进行细分。	等腰三角形构成通高中庭，其他部分以楼层分隔为主。
	水平限定			
	垂直限定			
	多层次限定			

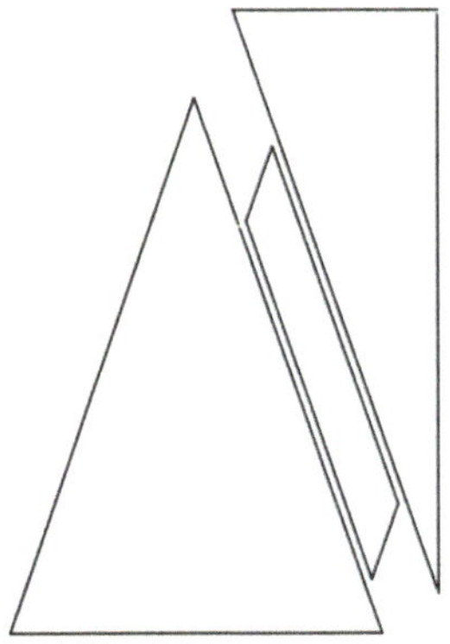

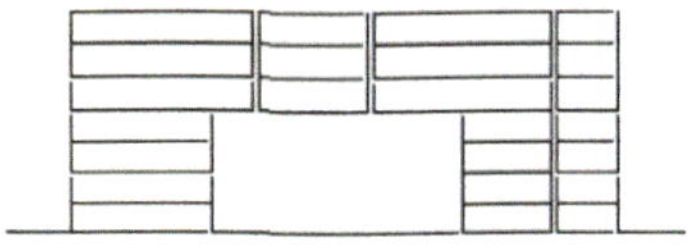

研究方法		现象	法则	思考
二元空间的构成关系		以等腰三角形的中庭为中心，连接各个几何形体。	不同体块高度的菱形与三角形组合成丰富的空间层次。	多种形体的组合、穿插形成二元空间的变化。
	包容			
	穿插			
	叠加			

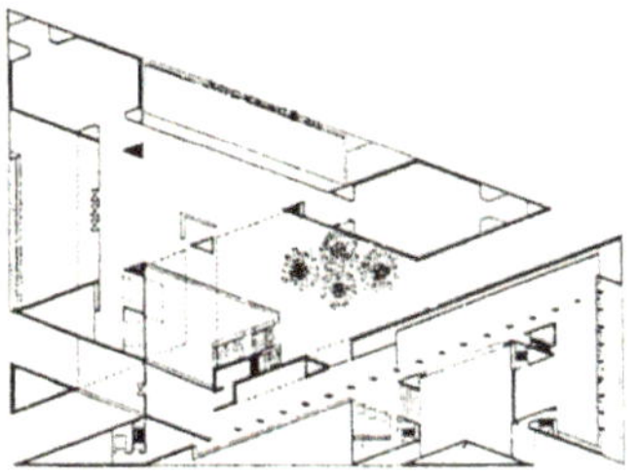

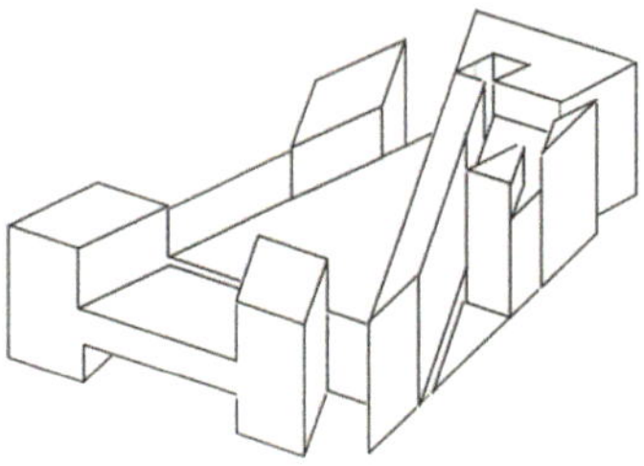

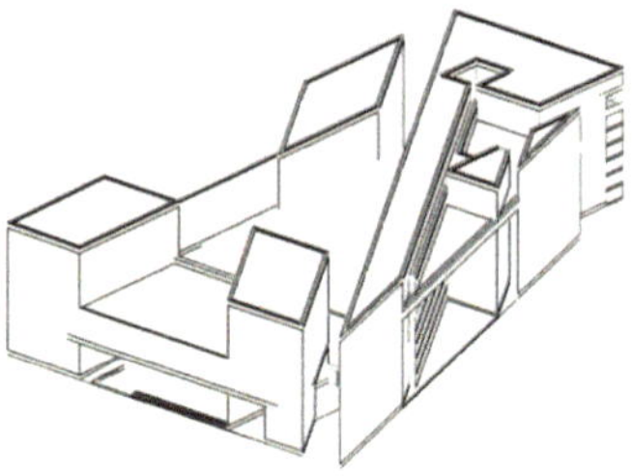

研究方法		现象	法则	思考
多元空间构成关系		以直角三角形的斜边为主要的交通空间，菱形空间产生了较为独特的形态。	以三角形中庭为中心，两个体块之间用连廊连接。	以三角形边线为主要的交通连接部分，加以高空间的连廊。
	串联式			
	放射式			
	组团式			

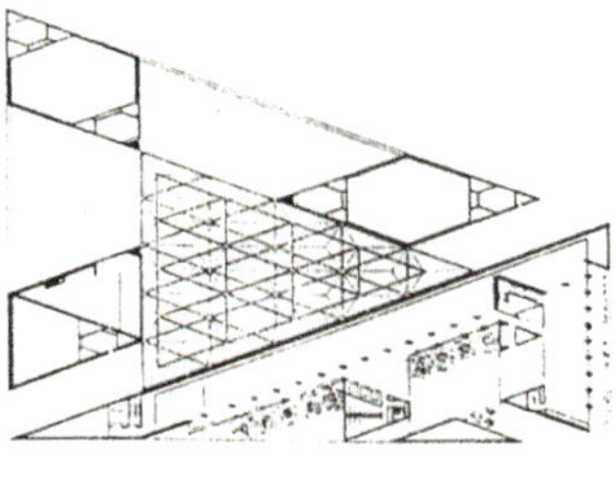

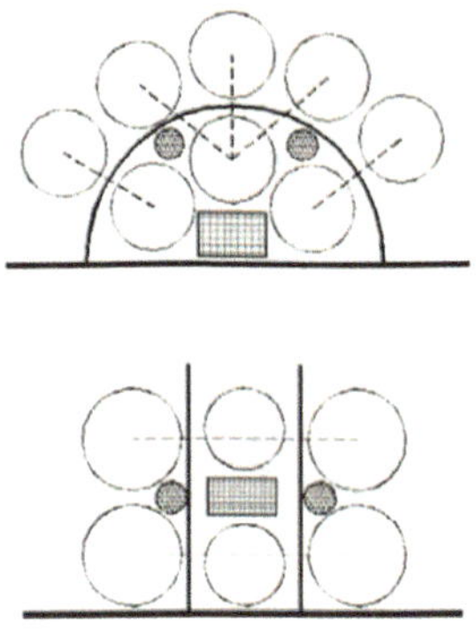

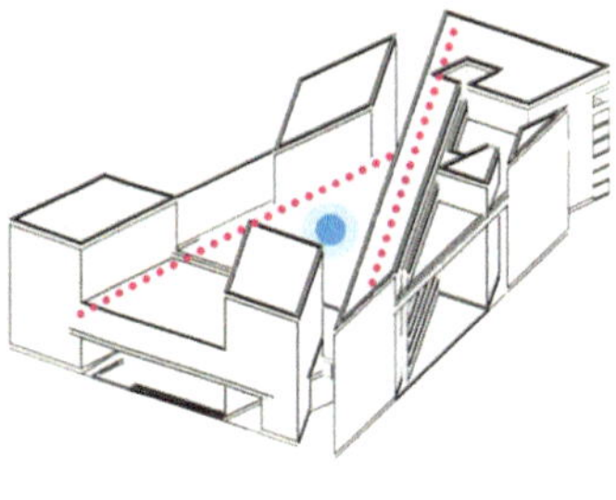

图 2.98 美国美术馆东馆空间构成分析

学生作业

理查德医学研究中心

建筑设计：路易斯·康
建设地点：宾夕法尼亚大学，美国
建设时间：1961 年
建筑面积：约 9951 ㎡

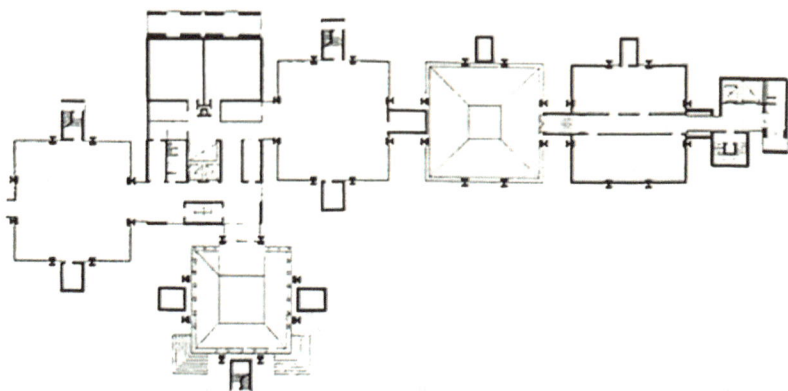

图 2.99 理查德医学研究中心空间构成例题

研究方法		现象	法则	思考
单元到整体	加法	将工作间和辅助用房划分为一个独立的单元体，沿一条轴线串联。	在每一个独立单元的基础上用加法原则添加辅助空间，再以减法形式切割。	将一个个整合与减弱后的独立单元沿轴线组合起来，形成特有的平面。
	减法			
	整体			

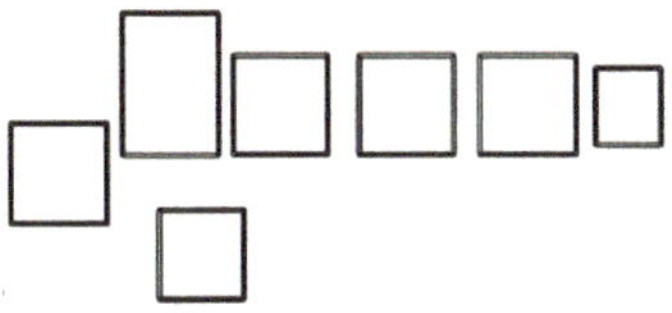

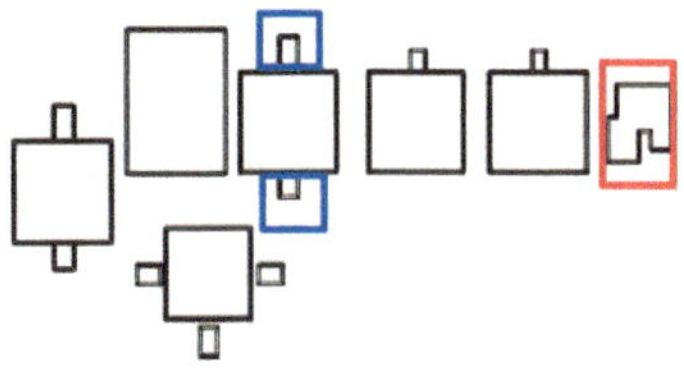

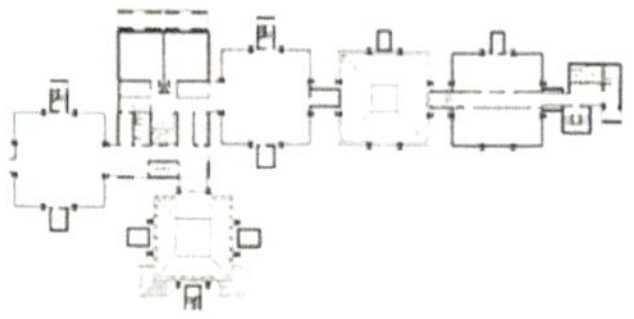

研究方法		现象	法则	思考
重复到独特	特殊	将单元体划分为几组相同的几何形态，再进行重复、组合、构成。	在几组重复的单元体外，放置几组特殊的形体，形成一定的变化，增强空间的秩序性。	将重复的单元形态进行空间组合，突出主体空间和辅助空间的组合关系。
	组合			
	穿插			

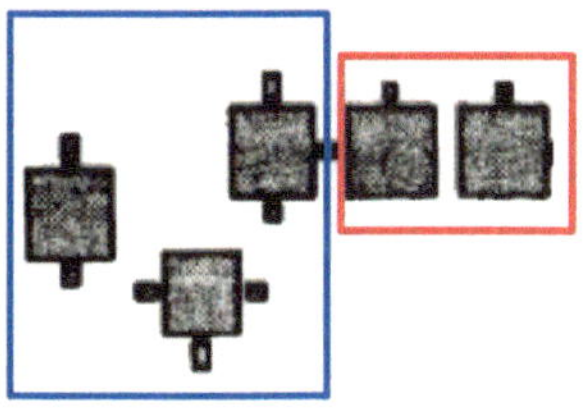

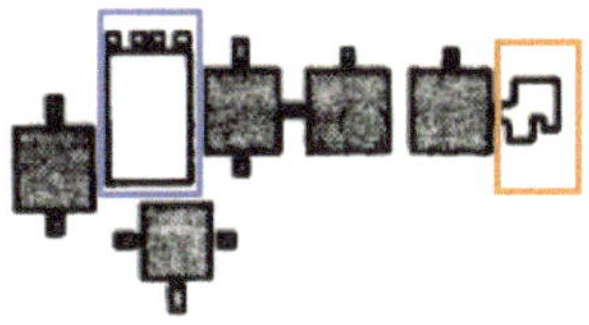

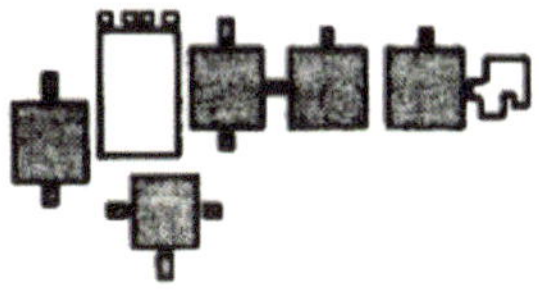

研究方法		现象	法则	思考
对称到等级	划分	北侧额外增加一座塔楼，用以强化北向工作楼作为入口部分的标志性。	办公楼划分为九宫格的形式，为接下来的承重体系提供标准，为形体的继续变化提供秩序。	三座办公楼沿顺时针方向旋转打破了对称布局，仍有高度的向心性，空间形式井然有序。
	控制			
	秩序			

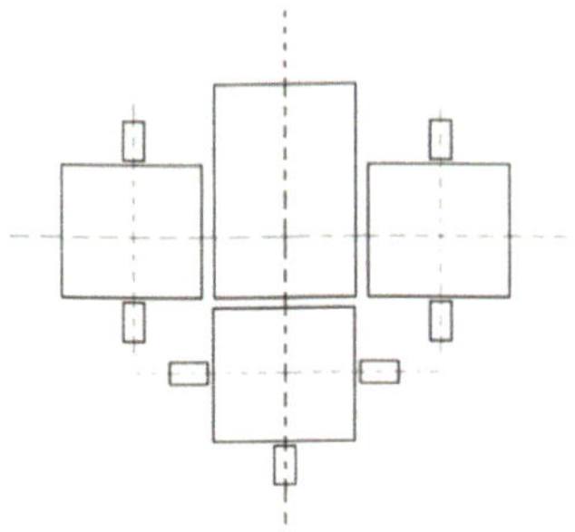

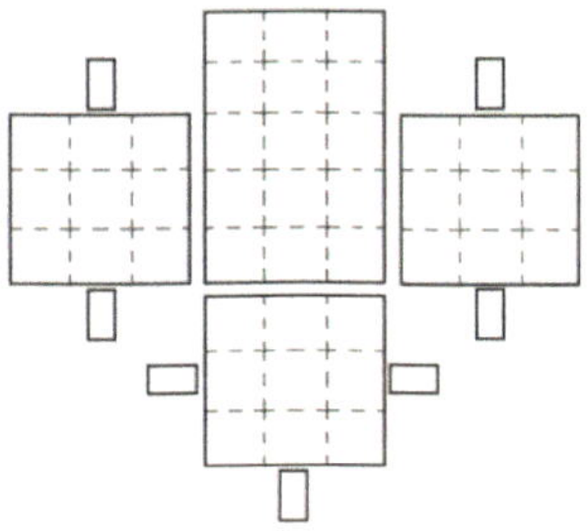

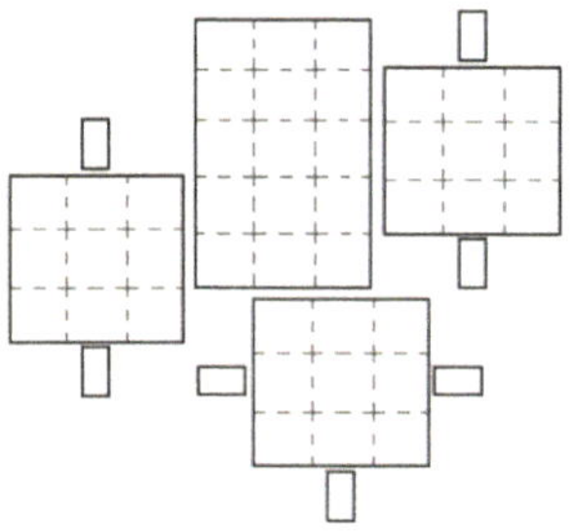

图 2.100 理查德医学研究中心空间构成分析

培养目标

这一阶段，不同的建筑事务所有着自己的风格和造型特点，高层多变图形的组合形成了特有的建筑空间造型，建筑的本体成为了空间的实体表达者，训练的意义是让学生进一步体会空间的可塑性。

解题思路

训练之前应当先了解建筑的构成手法、造型手段，归纳具象建筑的抽象特征，在分析过程中细致地推敲二元、多元空间的构成体系。

习题 46：1980~1990 年空间构成作品解析　　DG 银行总部大厦

建筑设计：KPF 事务所
建设地点：法兰克福，德国
建筑面积：高层办公塔楼 57000 ㎡
　　　　　低层办公楼 20000 ㎡

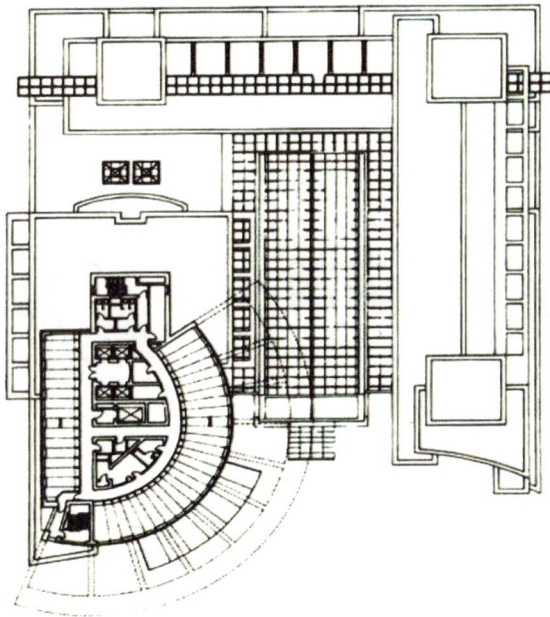

图 2.101 DG 银行总部空间构成例题

研究方法		现象	法则	思考
空间方向的限定		周边体块围合形成中庭空间，由中庭统领整个平面布局。	通过每一个建筑内部空间的水平、垂直限定及互相穿插组合形成多层次的空间限定。	垂直空间的限定以楼层的分割为主。
	水平限定			
	垂直限定			
	多层次限定			

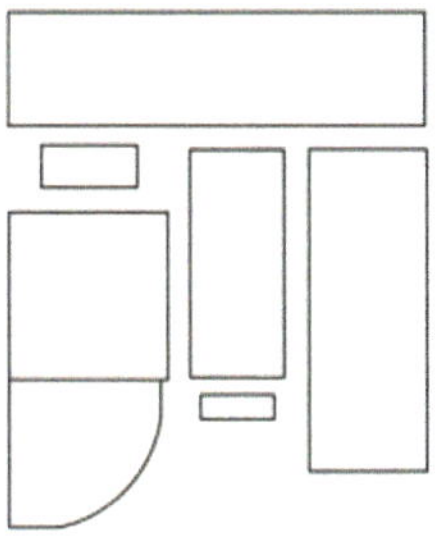

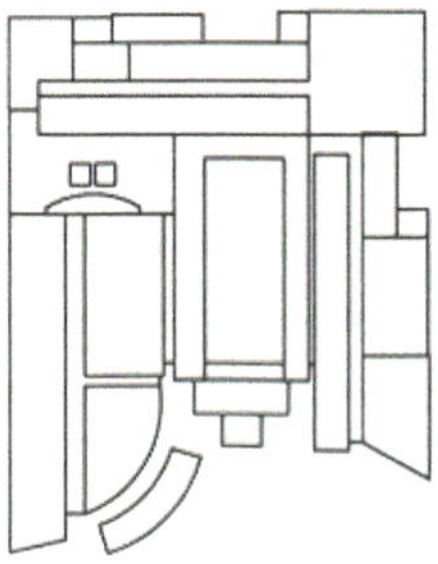

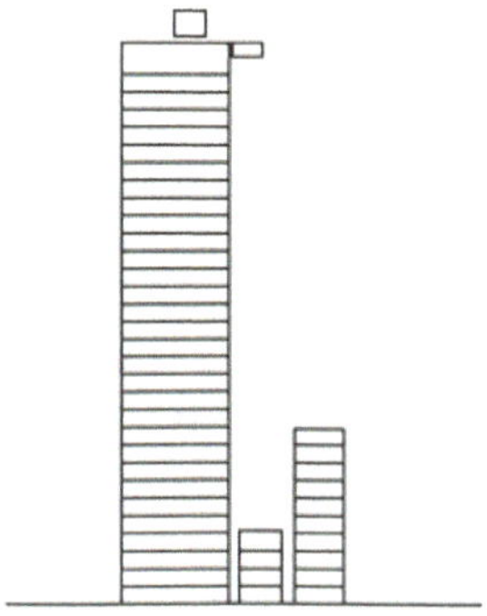

研究方法		现象	法则	思考
二元空间的构成关系		底部裙房之间的大空间相互连接，同时通过灰空间与室外的空间更好地融合。	大厦的上部空间与裙房部分相交，上部的小空间与下部的大空间叠加，形成丰富的空间组合。	多种空间包容、交错、叠加、穿插、融合形成复杂的二元限定空间。
	包容			
	穿插			
	叠加			

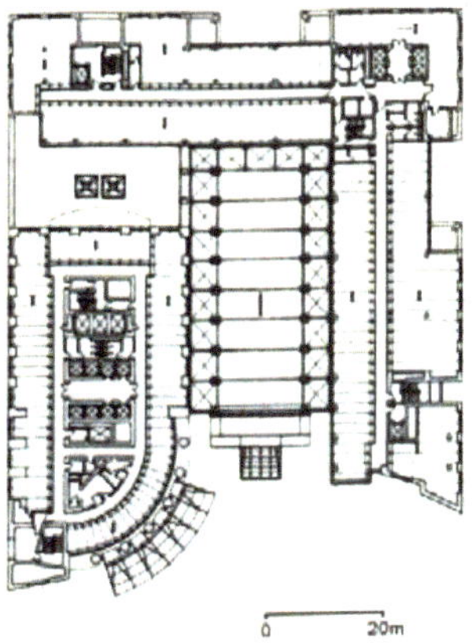

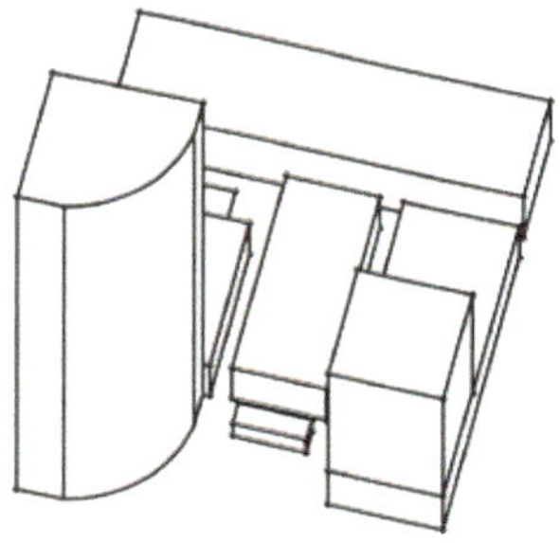

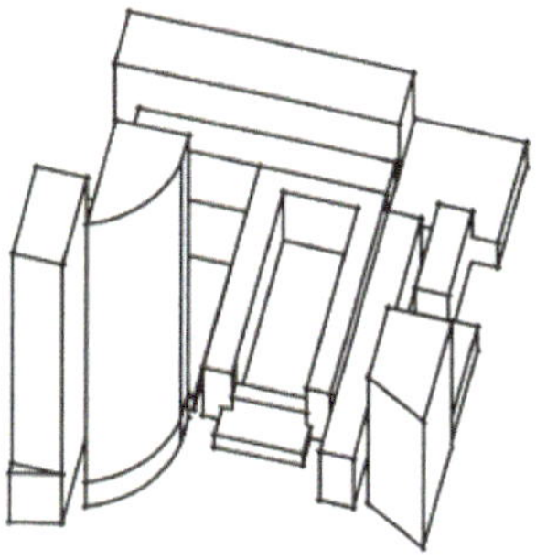

研究方法		现象	法则	思考
多元空间构成关系		周边的小空间围绕的集中开放大空间，形成放射式的多元二维空间构成。	以内走道为中心，两边布置小空间，形成组团式的空间；如果其下空间相互串联，则是串联式空间。	以中间集中式空间为主轴，两边布置组团式空间，形成多元空间构成形态。
	串联式			
	放射式			
	组团式			

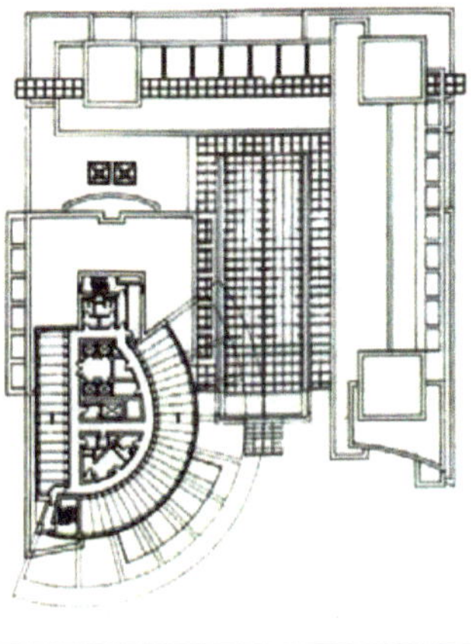

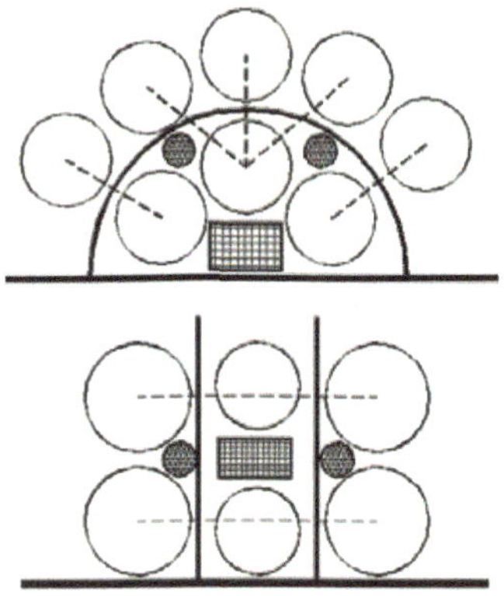

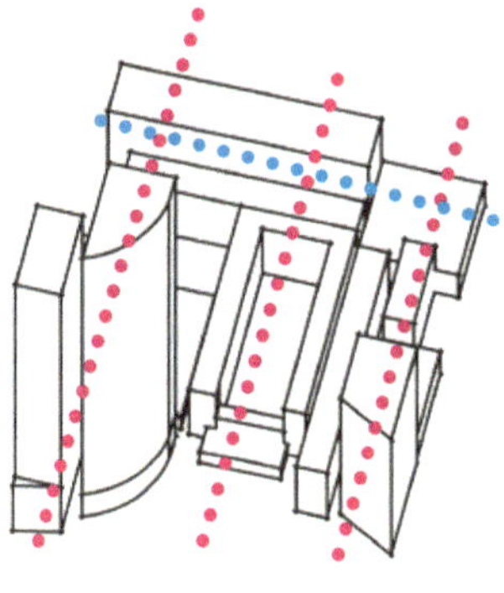

图 2.102 DG 银行总部空间构成分析

学生作业

乌尔姆展览馆

建筑设计：理查德·迈耶
项目地址：乌尔姆，德国
竣工时间：1993 年
建筑面积：929 ㎡

图 2.103 乌尔姆展览馆空间构成例题

研究方法		现象	法则	思考
空间方向的限定		底层接近全部散开，自下而上的空间界定是一个渐变过程。	不同的垂直板片相互交错、穿通，形成大小不一的孔洞，内外空间相互渗透。	严格的对平面关系和几何原形上进行加减处理，丰富却不杂乱。
	水平限定		四层	
	垂直限定	一层	三层	
	多层次限定		二层	

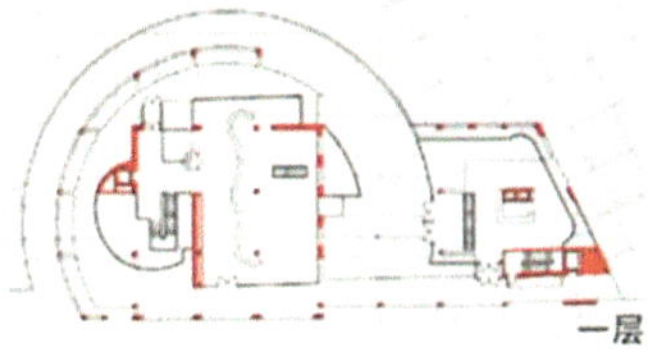

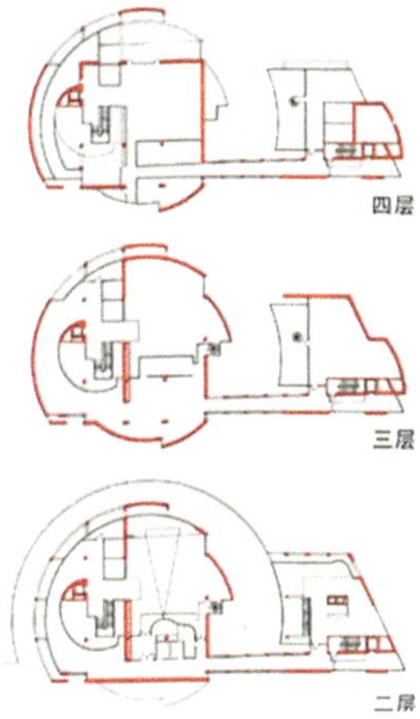

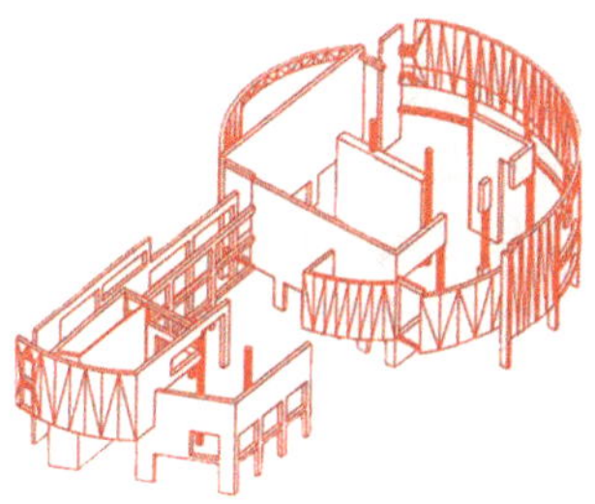

研究方法		现象	法则	思考
二元空间的构成关系		建筑的支撑结构是按照原有的网格模数确定的，规整有序。	楼板受制于严谨的支撑结构，但是通过加减法可形成变化多端的空间。	多种空间包容、相交、叠合、穿插形成复杂的二元限定空间。
	包容			
	穿插			
	叠加			

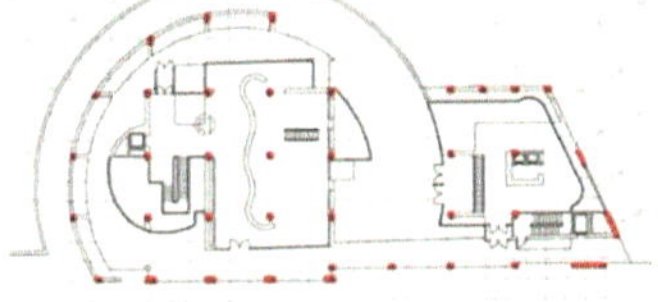

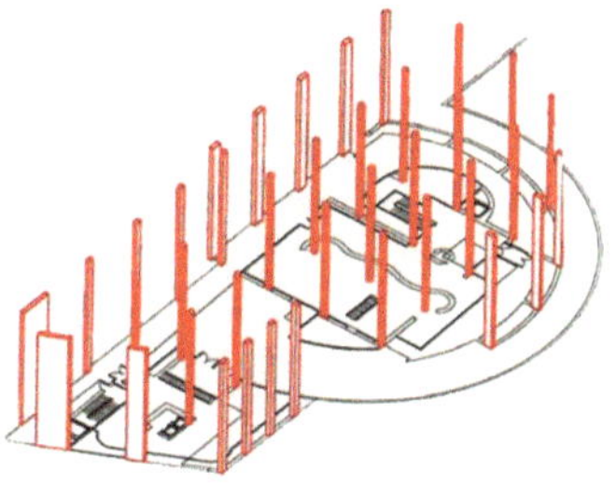

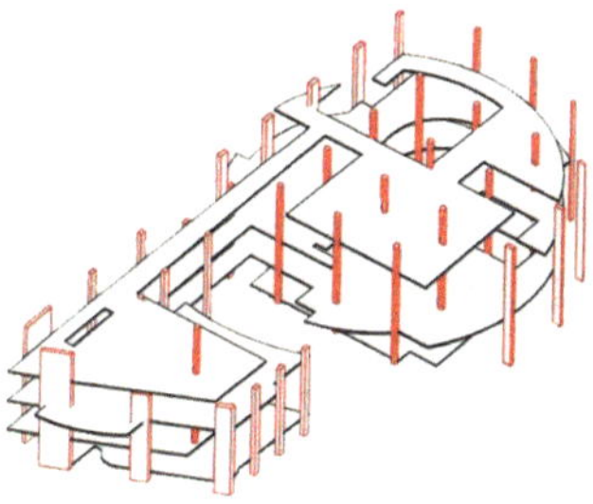

研究方法		现象	法则	思考
多元空间构成关系		外围结构与内部结构得到最大程度的暴露。	结构与建筑的围护构件脱开，符合现代建筑的根本信条。	以建筑的构件和结构作为建筑的外立面变化元素是建筑发展的新方向。
	串联式			
	放射式			
	组团式			

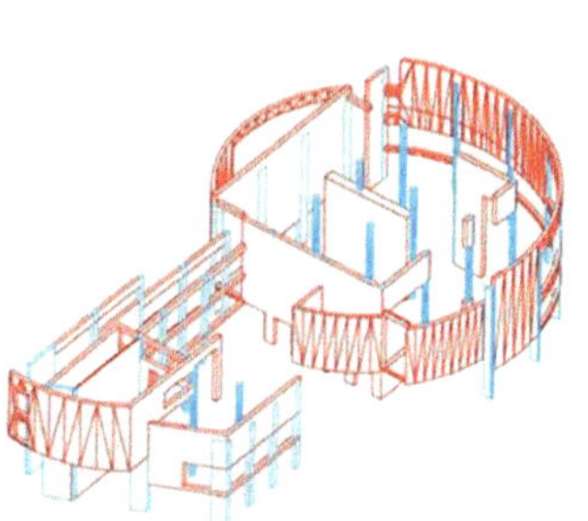

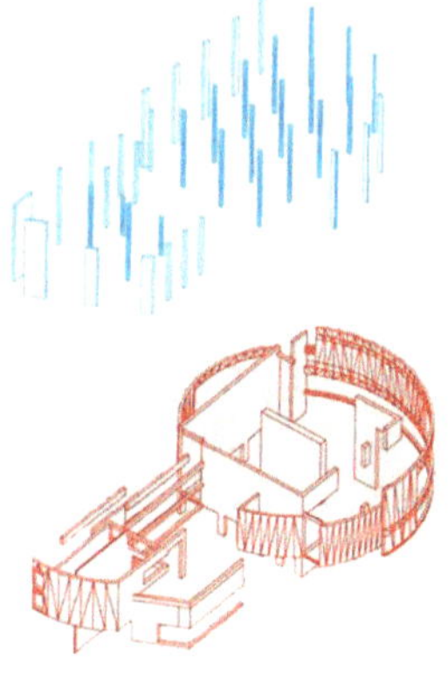

图 2.104 乌尔姆展览馆空间构成分析

培养目标

当下建筑的生成过程不同于以往的单纯的空间组合，而是对单体建筑的抽象形式的细致推敲，正如右边图片所示的例子一样，建筑师借助现代优秀的工业基础和制造能力，创造了曲线建筑，也创造了竖向空间的统一变化。这样的训练对空间重塑的造型能力有着重要的作用。

解题思路

单一空间的变化是构成中十分重要的部分，在训练过程中，学生可以通过不同的角度来分析这样的体量，如宏观角度的抽象形体美学以及微观角度的空间微雕的凹凸关系。

习题 47：1990 年至今空间构成作品解析　　　　马来西亚石油双子塔

建筑设计：西萨·佩里
项目地址：吉隆坡，马来西亚
竣工时间：1996 年
建筑面积：28.95 万 ㎡

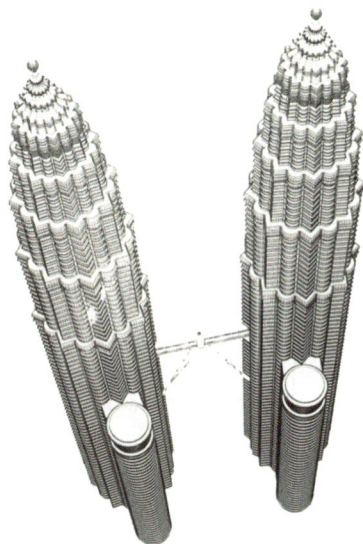

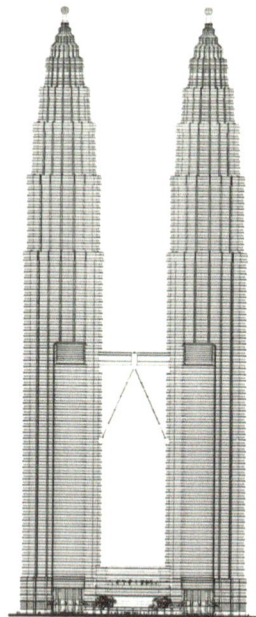

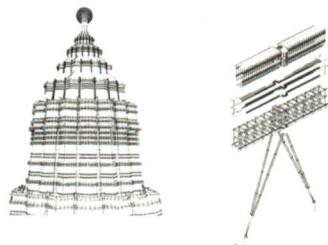

图 2.105 马来西亚石油双子塔空间构成例题

研究方法		现象	法则	思考
基本形体的构成		建筑以两个正方形作为基本母体，各绕中心旋转45度，相交组合而成。	在组合形体的基础上在边线交点处以交点为圆心形成8个小圆，又在正方形前增加2个大圆。	几个基本形体的组合共同构成了双子塔平面的基本形态。
	旋转			
	添加			
	整体			

研究方法		现象	法则	思考
空间形体的构成		底层基本平面由几个几何形体变化而成。	随着高度的增加，在双子塔三分之一高度处用连廊将两个塔楼联立，形成稳定的形体。	每层向上收缩形成塔尖，使塔变得轻盈。
	收缩			
	组合			
	穿插			

研究方法		现象	法则	思考
空间的稳定关系		双子塔由两个几何对称的形体构成，相互连接，共同构成一定的几何关系。	两个塔楼与中心轴线成镜像关系。	两个塔楼各自内向旋转一定的角度，形成一种向心性，并相互连接形成特定的几何关系。
	镜像			
	向心			
	稳定			

图 2.106 马来西亚石油双子塔空间构成分析

学生作业

法兰克福银行

建筑设计：诺曼·福斯特爵士
项目地址：法兰克福，德国
建设时间：1994 年

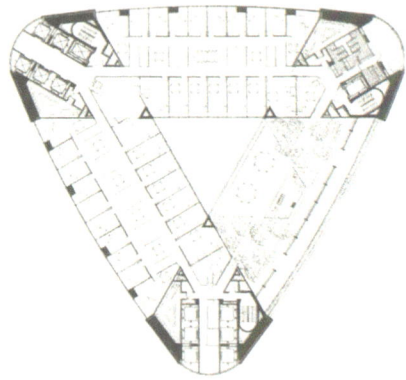

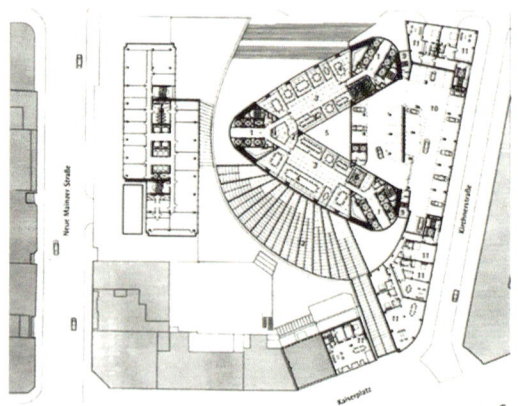

图 2.107 法兰克福银行空间构成例题

研究方法		现象	法则	思考
空间方向的限定		建筑的平面为三角形，以弧形的线来增加建筑的亲和力。	商业银行的结构体系是以三角形的三个顶点的三个独立核心筒为支撑的巨型结构。	相同形体的组合连接构成了独特的同时富有功能价值的平面图。
	水平限定			
	垂直限定			
	多层次限定			

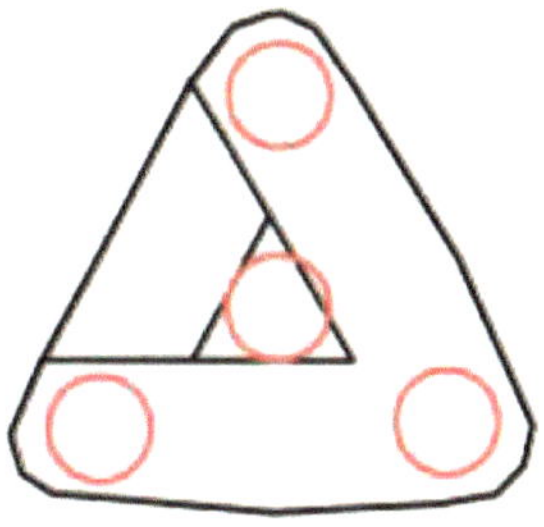

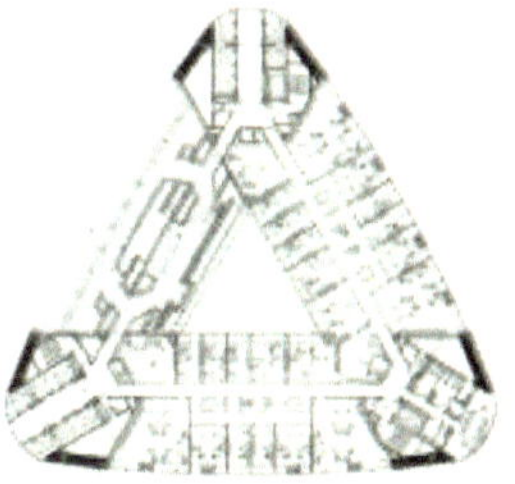

研究方法		现象	法则	思考
二元空间的构成关系		底层基本平面由几个几何形体变化组合而成。	4层高的空中花园沿着建筑三边交错排列，使得每一层都能获得良好的视野，避免大面积的空间排列。	顶部每层向上收缩形成塔尖，使塔楼形式轻盈。
	包容			
	穿插			
	叠加			

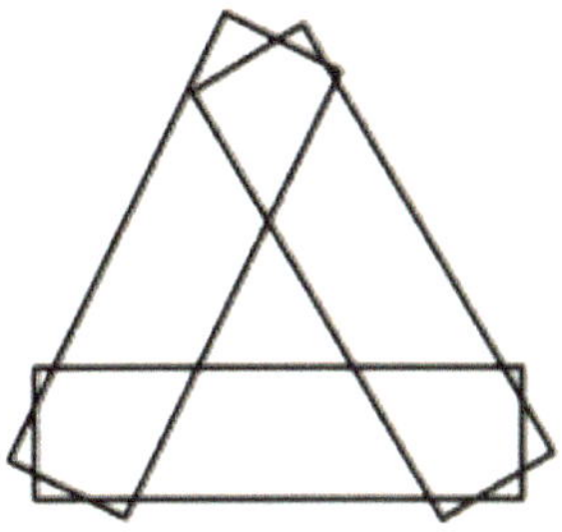

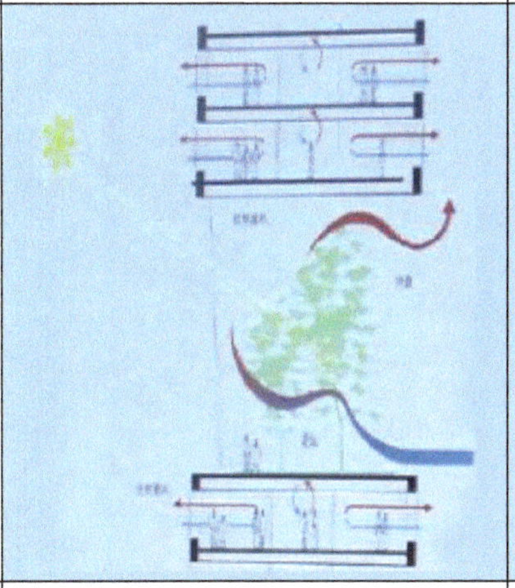

研究方法		现象	法则	思考
多元空间构成关系		三角形态可以充分地吸收外界的一切，开放的形式是内外沟通的基础。	三角形的稳定形态保证了建筑的向上性。	体块内向旋转一定的角度，形成一种向心性，同时相互连接，让建筑更加稳定。
	串联式			
	放射式			
	组团式			

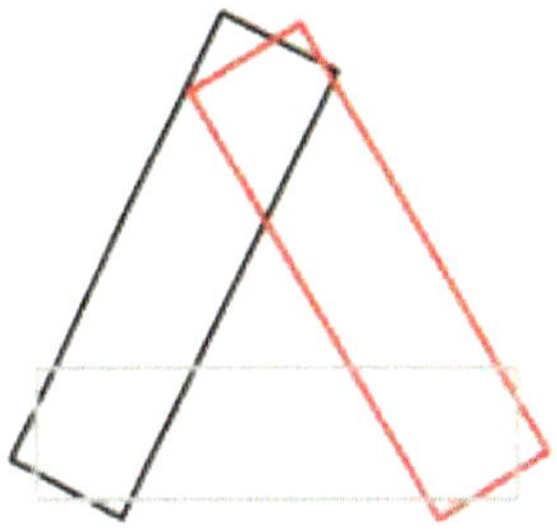

图 2.108 法兰克福银行空间构成分析

119

学生心得体会

STUDENTS THOUGHTS

米兰理工大学

韩老师的《空间构成训练》一书，通过百余道习题，由浅到深地剖析了图像中线条的组合、空间中立面的构成及图案填充的视觉效果等所有建筑师必备的建筑设计功底，让我深深地体会到了"内行看门道，外行看热闹"这句俗语。对于平时看似简单的建筑外形，例如悉尼歌剧院流线型的风帆造型、北京奥运主场馆类似鸟巢的设计以及央视新大楼的"大裤衩"造型，其成果却是经过反复推敲及无数次修改才得以成型的。这些建筑既要有视觉的冲击力，简单的便于记忆的流畅线条，还要有合理的布局及空间结构，又要符合建筑的功能性所在等。这些就充分反映出了空间塑造感对一名建筑师的重要性。通常我们说到"感觉"这个词，总会有与生俱来的感觉。但是通过对整本书的阅读及习题训练，我充分地感受到自己对于空间的塑造感在逐步提升。所以我想说，这种"感觉"并不是凭空而来的，对于空间的塑造感是要通过不断地观察、总结以及正确的引导，慢慢培养而来的。韩老师的这本书恰恰是通过渐进式的习题，逐渐培养了学习者对平面及空间整体构成的塑造能力，使广大的建筑师及预备建筑师们的思维得到拓展，能够系统地认识空间。

——城市规划 2008 级 侯鑫

这是一场免费的旅行，这是一次思想的游荡，这是一种深刻的感触。随着韩老师的讲解我徜徉在一种未知的建筑空间中，从点、线、面到立体的空间，有种恍然大悟的感觉，让我这个非建筑出身的人得到了一种思维的训练，深刻的建筑造型理论的趣味原来没有想象的那么枯燥无味，而且韩老师的课，内容由浅入深，讲课风趣自然，很有意大利教授的风格。我

对您的博闻多识深感敬佩。您把一门看起来如此枯燥繁琐的理论课讲得生动有趣。建筑以点、线为一切的基础，组成了新的平面，再由不同的平面排列组合组成各种形态的立面空间。建筑形态构成使得图片上的建筑变得立体清晰起来。我从您的课上学到了以前未学到的东西。思考和执着不放弃的精神才是这堂课我所学到的精髓。

——城市规划 2008 级 武姿孜

莫斯科建筑大学

建筑的魅力就在于其内在的理性，这也是评价建筑是否为一栋好建筑的标准之一。以建筑的外形基础作为起点，将建筑形体分成基本的几个体块，而后寻求它们之间的组合构图关系，并由此逐步过渡到空间体的表面、内部空间的处理，这个过程，不仅仅是对空间关系的审美的提高，更是对动手能力的提升。

——建筑学 2002 级 A.Alena

建筑空间的关系就如同数学的函数关系，多重关联之后必然形成一定的建筑效果，空间的体块训练是针对这样的过程的训练，它给了我们解题的元素，也给了我们训练的方式，从结果的角度考虑，它不追求单一的解，而是将各种严谨的解答作为学生创造的原动力，在这样的培训过程中，为学生未来的创作打下了坚实的基础。

——建筑学 2002 级 B.Alexander

北京交通大学

在对建筑设计进行了一年多的学习之后，我们在韩老师的带领下重新系统地学习了现代建筑造型的基础理论与训练。在以前的设计中，很多同学都比较执着于建筑设计的造型，有喜欢中规中矩地做立方体的组合的，也有偏爱异形形体的，甚至还有钦

佩非线性化设计的同学，但是在理论和训练方面，大多数都显得还不够成熟，不论在进行体块组合还是曲线设定的时候都缺乏一定的理论根据，总是根据自己的喜好来确定，这样难免显得有些随意。另外，建筑造型与建筑功能的结合方面也总是得不到同学们的重视，有从功能设计出发而使建筑造型单调乏味的，也有以造型为先而使功能分布不合理的。这次的建筑造型课不仅仅给我们介绍了很多有关于建筑造型的系统性理论，同时也为我们解决平时做建筑设计时遇到的造型与功能的矛盾问题提供了很好的帮助。本来以为建筑造型理论的课程会像所有理论课程一样让人觉得乏味，或者上完课之后被条条框框的理论更严重地束缚，但是记得才上了第一节课，同学们的思维和兴趣就完全被老师课上所讲的内容调动起来了。同学们发现，这门课程是真的可以帮助自己在建筑设计方面进步的，所以不仅仅是选了课程的同学兴奋地期待着每一节课，就连没有选的同学都忍不住在一旁听讲。大家都非常喜欢韩老师的课，当然我也不例外，接下来，主要谈谈自己对于这门课程的感受。在国内学建筑设计，特别是在建筑设计教育还不怎么成熟的交大，自然得到的与国际接轨的机会不多，与外界交流的机会也不多，因此很感谢韩老师为我们提供了这样一个难得的接触国外建筑设计课程的机会，根据前苏联的对于建筑学学生的培养方式来给我们进行授课与训练，让我们的思维与能力都得到了拓展。我们平时总是一心忙着解决手头上的设计作业，并没有时间来寻找什么样的教育才是适合自己的，这门课程给予了我们体验的机会。记得一开始着手去做这门课程的作业的时候，说实话，觉得很麻烦，并且工作量也大，但是后来慢慢地在建筑设计中体会到了这些训练的必

要与效果。从平面的图形组合到立体的变换方式，这些作业都是来帮助我们思维发展用的，只有这样一步一步学习了理论之后在课后进行这样强度的训练，才可能在自己平时的设计中予以创新和利用，才可能真正达到这门课的目的。想起自己的思维在学习和训练之后在建筑设计中应用的欣喜就觉得一切努力和付出都值得了。除此之外，让我惊喜的是老师在讲述了一部分理论知识之后，结合自己亲身的游历在课堂上讲解了自己当时的空间感受与每一个小细节，像法西奥大楼、朗香教堂等经典的建筑，让我们不再是从彩页上看著名建筑的几个透视图，而是以一种被引导的方式重新进入建筑内部，去了解事实上存在的每一个细节。老师的每一张图片都是亲身感受空间的记录，加上详尽的讲解，这样的分析和详尽的描述让我们很自然地能够更真实地体会建筑，也可以更加深入地体会空间。老师的课堂让我们这些很少有机会去国外参观著名建筑的同学们经历了一次仿真的空间感受与建筑理解。同时，对于平时不注重或者不知道如何分析建筑造型的我们，老师的讲解也让我们获益良多，让我们在平时观察建筑时养成了更良好的习惯与更系统性的分析思维。最后，感谢老师对工作的认真与负责，这个时候给予我们的指导，就正如给处于设计的迷雾中的我们的一些启发。虽然可能因人而异，但是我相信每个同学都有自己独到的见解与收获，希望我们都能将在建筑造型课上学到的知识应用并发展到平时的设计中去。

——建筑学 2009 级 燕翔

建筑是一门比较理性的东西，又是一种艺术上的反映，建筑是一个内行人看门道、外人看热闹的东西。在您的课上，您把自己对建筑的理解也讲给大家听，您反复强调建筑的空间、使用者的感受的重要性。最让我们感动的还是您对建筑的痴痴追求。这是我们应该去追求和学习的。

——北京交通大学 2010 级 王博凯

在空间构成的训练课程中，深深地感受韩老师的专业功底十分深厚，讲授深刻而生动，信息量很大，同时在讲授过程中让我们体会到了很多道理。无论是在上课还是在励志方面，都给我们树立了很好的榜样。无论是在专业的研究还是其他领域的学习上，都给了我们很大的启示。能力、兴趣在老师的眼里是可以被激发出来的。

——北京交通大学建筑 2008 级 刘洋

北京工业大学

起初，我不明白模数制的概念，更不理解黄金分割的意义。而通过一个学期的学习，当用所学理论去分析一个建筑时，我体会到了黄金分割的应用并欣赏了它的美丽所在。以前，我去看一个建筑，只是从表面上大体认识一下，而通过老师细致的讲解，从整体到细部去把握一个建筑，才明白了建筑的更深层次的含义和设计者本身的想法和用意，这样真正对设计有了帮助，而不是一味地照抄。通过这门课的学习，我掌握了造型理论和许多构成方法，通过完成作业的过程提高了自身的创新和形象思维的能力。

——建筑学 2004 级 毕晓希

这门课十分特殊，所以它的教学方法也十分特殊，在这里没有照本宣科的沉默，也没有大量用脑的计算和思索，在这里需要的仅仅是感悟，一种对建筑的感悟，一种对构成的感悟，在这里只是需要一个速写本、一支笔、一双眼睛，一起去领悟那奇妙的构思，一起去领略欧洲风情，一起去感悟大师们的作品。

——建筑学 2004 级 陈大鹏

TEACHING PROGRAM

教学大纲

一、课程基本信息

1、课程名称（中文）：《建筑构成：空间构成训练》

　　课程名称（英文）:Architectural Composition: Spatial Composition Training

2、课程层次 / 性质：专业选修课 / 学位课程

3、学时 / 学分：64 学时学 /2 学分

4、先修课程：建筑形态构成

5、适用专业：建筑学

二、课程教学目标及学生应达到的能力

《建筑构成：空间构成训练》是针对建筑学专业学生的现代建筑造型能力提高而设立的一门专项专业选修课，是培养合格的建筑规划人才的一门重要课程。在我国，现代建筑研究与实践虽然已有 50~60 年的历史，但仍然落后于世界水平。本课程教学目标是通过现代城市与建筑的起源、现代建筑的本质、现代建筑造型理论及方法、现代建筑造型方法教育等四个方面，系统分析现代城市与建筑的造型的实质与精髓，以培养建筑学学生的现代建筑设计创新能力。学生通过对本课程的学习，将会在一个比较深入的层面上提高对现代建筑造型语言的理解，提高现代建筑设计的空间造型能力和建筑造型个性语言的表达以及建筑创作语汇及句法、文法的形成。

三、课程教学内容和要求

（一）理论教学部分（64 学时）

以上课的方式，从现代建筑造型运行轨迹与发展方向分析入手，对现代建筑造型的起源、内容、实质和国外最新创作方向等进行系统的分析，使学生在一个比较深入的层面上理解现代建筑造型语言的语汇及句法、文法。

（二）课后习题（47 道）

每次课后学生都会进行相应的习题练习，根据对课堂教学内容的理解，通过造型分析、模型模拟、计算机三维形态分析等方法，去进一步理解建筑造型与构成的形体感知，形体组合与过渡，细部处理，材料质感、色彩与造型等方面，完成作业，以达到学生创新能力的综合训练。

（三）模型制作（40 个）

课程最后学生将制作具有不同高度、分层及相互交叉的浅浮雕 2 个和采用典型的"母题"图形和"个体"图形的原则构成的建筑构件 2 个。

四、课程教学安排

课序	知识模块	学时
1	感知空间基本形体	2
2	折纸浮雕初探	8
3	转折空间构成艺术	8
4	空间转角造型构成	8
5	空间转角造型构成	10
6	空间体块的表面处理	10
7	广场空间的抽象感知	10
8	建筑实例空间分析	8

五、课程的考核

本课程的考核采取平时成绩、构图训练和模型制作相结合的评分标准。平时成绩包括学生的考勤和课堂表现等方面，占总成绩的 30%；构图训练是与课堂内容同步的作业练习，以加深学生对课堂内容的理解，并加强学生动手能力，占总成绩的 40%；模型制作要求学生在结课前综合所学知识制作建筑构件，占总成绩的 30%。

六、本课程与其他课程的联系与分工

建议先修课：建筑形态构成；后续课：建筑设计。

建筑形态构成一课的学习使学生掌握了基本的形态构成法则和规律，对现代建筑造型有一个基本的概念和理解，为

学习《建筑构成：空间构成训练》打下良好的基础；通过课程的学习，趁热打铁地将其应用到建筑设计中去，以更好地掌握并及时转化利用。

七、建议教材及教学参考书

1.Божко Ю Г. Архитектоника и комбинаторика формообразования[M]. Киев: Выш. шк., 1991.

2.Виленкин Н Я. Популярная комбинаторика[M]. Москва: Наука, 1975.

3.Зейтун Ж. Организация внутренней структуры проектируемых архитектурных систем[M]. Москва: Стройиздат, 1984.

4.Ламцов И В, Туркус М А. Элементы архитектурной композиции[M]. Москва-Ленинград: Главная редакция строительной литературы, 1938.

5.Лежава И Г. Функция и структура формы в архитектуре[M]. Москва: МАРХИ, 1987.

6.Пронин Е С. Архитектурная комбинаторика и её автоматизация[J]. Архитектура СССР, 1990(2): 66-72.

7.Степанов А В, Мальгин В И, Иванова Г И. Объемно-пространственная композиция[M]. Москва: Архитектура-С, 1993.

8.Хан-Магомедов С О. ВХУТЕМАС[M]. Москва: Ладья, 1995.

9.Alexander Christopher. Notes on the synthesis of form[M]. Cambridge Mass: Harvard University Press, 1964.

10.Feisner Edith Anderson. Colour: how to use colour in art and design[M]. London: Laurence King Publishing, 2006.

11.Krier R. Stadtraum in theorie und praxis[M]. Stuttgard: Karl Krämer, 1975.

TEACHING CALENDAR

教学日历

北京交通大学

教学日历

2007~2008 学年第 2 学期

课程名称：建筑构成：空间构成训练

任课教师：韩林飞

教师所在单位：建筑与艺术系

授课对象：建筑学与艺术设计本科 1 年级

人数：９５

上课日期：自１至１６

总学时：64

课堂教学学时：52

周学时：2 共16周

周次	课时	讲授内容	上课方式	课外作业
1	4	习题 1: 空间形体的原型	讲课 PPT	习题 1 作业
		习题 2: 平面浅浮雕（直线构成）	讲课 PPT	习题 2 作业
		习题 3: 平面浅浮雕（曲线构成）	讲课 PPT	习题 3 作业
2	4	习题 4: 平面浅浮雕（镂空构成）	讲课 PPT	习题 4 作业
		习题 5: 平面浅浮雕（字体构成）	讲课 PPT	习题 5 作业
		习题 6: 平面浅浮雕（字体构成法则）	讲课 PPT	习题 6 作业
3	4	习题 7: 平面浅浮雕（直线字体构成）	讲课 PPT	习题 7 作业
		习题 8: 平面浅浮雕（曲线字体构成）	讲课 PPT	习题 8 作业
		习题 9: 折角构成（字体造型）	讲课 PPT	习题 9 作业
4	4	习题 10: 90° 角折线构成（具体建筑）	讲课 PPT	习题 10 作业
		习题 11: 90° 角折线构成（抽象的建筑形体）	讲课 PPT	习题 11 作业
		习题 12: 90° 角建筑细部体块的构成	讲课 PPT	习题 12 作业
5	4	习题 13: 平面浅浮雕（指定几何体块的组合）	讲课 PPT	习题 13 作业
		习题 14: 平面浅浮雕（自由几何体块的组合）	讲课 PPT	习题 14 作业
		习题 15: 空间的纵深	讲课 PPT	习题 15 作业
6	4	习题 16: 曲线主题的空间纵深	讲课 PPT	习题 16 作业
		习题 17: 直线主题的空间纵深	讲课 PPT	习题 17 作业
		习题 18: 直线与曲线组合的空间纵深	讲课 PPT	习题 18 作业
7	4	习题 19: 空间的韵律（单一形态构成）	讲课 PPT	习题 19 作业
		习题 20: 空间的韵律（交叉形体构成）	讲课 PPT	习题 20 作业
		习题 21: 空间的韵律（半球体的空间构成）	讲课 PPT	习题 21 作业
8	4	习题 22: 空间转角韵律的形成（直线单一重复）	讲课 PPT	习题 22 作业
		习题 23: 空间转角韵律的形成（直线变化组合）	讲课 PPT	习题 23 作业
		习题 24: 空间转角韵律的形成（统一中的变化）	讲课 PPT	习题 24 作业
9	4	习题 25: 空间转角韵律的形成（曲线重复）	讲课 PPT	习题 25 作业
		习题 26: 转角的构成（建筑立面的空间化）	讲课 PPT	习题 26 作业
		习题 27: 立方体一个转角的空间构成	讲课 PPT	习题 27 作业

周次	课时	讲授内容	上课方式	课外作业
10	4	习题 28：立方体两个转角的空间构成	讲课 PPT	习题 28 作业
		习题 29：立方体三个转角的空间构成	讲课 PPT	习题 29 作业
		习题 30：立方体的空间构成	讲课 PPT	习题 30 作业
11	4	习题 31：三棱锥的表面处理	讲课 PPT	习题 31 作业
		习题 32：立方体的表面处理	讲课 PPT	习题 32 作业
		习题 33：三角锥的空间构成原理	讲课 PPT	习题 33 作业
12	4	习题 34：三角锥的空间构成（表面处理）	讲课 PPT	习题 34 作业
		习题 35：三角锥的空间构成（锥体的镂空处理）	讲课 PPT	习题 35 作业
		习题 36：球体的空间构成原理	讲课 PPT	习题 36 作业
13	4	习题 37：圆柱体的空间构成（表面处理）	讲课 PPT	习题 37 作业
		习题 38：圆柱体的空间构成（内部空间处理）	讲课 PPT	习题 38 作业
		习题 39：空间形体的自由组合	讲课 PPT	习题 39 作业
14	4	习题 40：广场空间构成	讲课 PPT	习题 40 作业
		习题 41：低层建筑空间构成解析	讲课 PPT	习题 41 作业
		习题 42：多层建筑空间构成解析	讲课 PPT	习题 42 作业
15	4	习题 43：高层建筑空间构成解析	讲课 PPT	习题 43 作业
		习题 44：1945 年前（二站前）空间构成作品解析	讲课 PPT	习题 44 作业
		习题 45：1945–1980 年空间构成作品解析	讲课 PPT	习题 45 作业
16	4	习题 46：1980–1990 年空间构成作品解析	讲课 PPT	习题 46 作业
		习题 47：1990 年至今空间构成作品解析	讲课 PPT	习题 47 作业

教研室主任签字： 教学科长签字：

说明：1. 采用方式可分为：课堂讲授、讨论以及使用多媒体、投影仪、CAI、电子教案、录像
   等现代化教学手段；

   2. 作业可注明作业内容、实验报告篇数等需要学生课外完成的内容；

   3. 每次课的内容占一格；

   4. 本表一式三份：学院教学科一份、公布在学生所在学院教学公告栏中一份、自留一份。

参考文献

BIBLIOGRAPHY

1. 何彤 . 空间构成 [M]. 重庆：西南师范大学出版社，2008.

2. 任仲泉 . 空间构成设计 [M]. 南京：江苏美术出版社，2002.

3. 孙祥明，史意勤 . 空间构成 [M]. 上海：学林出版社，2005.

4.（美）罗杰·易 . 世界建筑空间设计 [M]. 北京：中国建筑工业出版社，2003.

5. 王小红 . 大师作品分析——解读建筑 [M]. 北京：中国建筑工业出版社，2008.

6. 彭一刚 . 建筑空间组合论 [M]. 北京：中国建筑工业出版社，1998.

7. 王中军 . 建筑构成 [M]. 北京：中国电力出版社，2004.

8. 王贵祥 . 东西方的建筑空间 [M]. 天津：百花文艺出版社，2006.

9. 杨婷婷 . 公共空间设计 [M]. 北京：北京理工大学出版社，2009.

10. 刘芳，苗阳 . 建筑空间设计 [M]. 上海：同济大学出版社，2001.

11. 濮苏卫，蔡东艳 . 建筑空间构成设计 [M]. 西安：西安交通大学出版社，2007.

12. 陈祖展 . 立体构成 [M]. 北京：北京交通大学出版社，2011.

13. 艾少群，吴振东 . 立体构成（空间形态构成）[M]. 北京：清华大学出版社，2011.

14. 辛华泉 . 形态构成学 [M]. 北京：中国美术学院出版社，1999.

15. 吴化雨 . 构成设计基础 [M]. 北京：中国轻工业出版社，2012.

16. 惠特福德 . 包豪斯 [M]. 成都：四川美术出版社，2009.

17. 奥斯卡·施莱默 . 包豪斯舞台 [M]. 北京：金城出版社，2014.

18. 威廉·斯莫克 . 包豪斯理想 [M]. 济南：山东画报出版社，2010.

19. 高德霍恩，梅瑟 . 俄罗斯新建筑 [M]. 沈阳：辽宁科学技术出版社，2006.

20. 郑昌辉 . 解思考与设计表现——俄罗斯列宾美院建筑创作课程精编 [M]. 北京：水利水电出版社，2012.

21. 刘开海 . 俄罗斯列宾美术学院建筑系基础课程参考 [M]. 南昌：江西美术出版社，2010.

22. 沈欣荣，刘献敏，汝军红，吕健梅 . 建筑设计基础——空间构成 [M]. 北京：中国建筑工业出版社，2006.

23.（日）芦原义信，（英）彼德·柯克 . 外部空间之构成 建筑之功能与计划 [M]. 台北：壹隆书店，1971.

24. 戴俭，邹金江 . 中国传统建筑外部空间构成 [M]. 武汉：湖北教育出版社，2008.

25. 张艳 . 空间构成 [M]. 西安：西安交通大学出版社，2011.

26.Божко Ю Г. Архитектоника и комбинаторика формообразования[M]. Киев: Выш. шк., 1991.

27.Виленкин Н Я. Популярная комбинаторика[M]. Москва: Наука, 1975.

28.Зейтун Ж. Организация внутренней структуры проектируемых архитектурных систем[M]. Москва: Стройиздат, 1984.

29.Ламцов И В, Туркус М А. Элементы архитектурной композиции[M]. Москва-Ленинград: Главная редакция строительной литературы, 1938.

30.Лежава И Г. Функция и структура формы в архитектуре[M]. Москва: МАРХИ, 1987.

31.Пронин Е С. Архитектурная комбинаторика и её автоматизация[J]. Архитектура СССР, 1990(2): 66-72.

32.Степанов А В, Мальгин В И, Иванова Г И. Объемно-пространственная композиция[M]. Москва: Архитектура-С, 1993.

33.Хан-Магомедов С О. ВХУТЕМАС[M]. Москва: Ладья, 1995.

34.Alexander Christopher. Notes on the synthesis of form[M]. Cambridge Mass: Harvard University Press, 1964.

35.Feisner Edith Anderson. Colour: how to use colour in art and design[M]. London: Laurence King Publishing, 2006.

36.Krier R. Stadtraum in theorie und praxis[M]. Stuttgard: Karl Krämer, 1975.

37. 杨蕾 . 高校形态构成学教学理念构建 [J]. 美与时代：创意（上），2011(9)：118-119.

38. 刘继莲，李鹏 . 浅析主题训练在形态构成课程中的重要作用 [J]. 美术大观，2011(10)：177.

39. 毛宏萍 . 形态构成 [M]. 南昌：江西美术出版社，2002.

40. 刘涛，杨广明，常征 . 平面形态构成 [M]. 北京：北京工业大学出版社，2012.

41. 陈方达 . 建筑学形态构成教学研究 [J]. 高等建筑教育，2012, 21 (1).

42. 隋杰礼，贾志林，王少伶 . 建筑学专业形态构成课程教学改革与实践 [J]. 四川建筑科学研究，2008, 34 (3).
43. 蔡思奇 . 建筑平面设计的形态构成分析 [J]. 城市建筑，2013 (6).
44. 孙虎鸣 . 探寻新形势下的"形态构成学"发展思路 [J]. 价值工程，2013 (32).
45. 周蒙蒙 . 构成主义与十月革命 [J]. 中国科技博览，2011,19 : 276.
46. 王永 . 构成主义艺术的象征——塔特林与《第三国际纪念碑》[J]. 美术大观，2011 (1) : 108–109.
47. 高爱香，郑立君 .20 世纪前期俄国构成主义设计运动在中国的传播与影响 [J]. 艺术百家，2013 (5).
48. 庞蕾 . 塔特林与构成主义 [J]. 南京艺术学院学报（美术与设计版），2008 (1).
49. 解娟 . 俄罗斯构成主义的起源 [J]. 科学导报，2013 (15).
50. 田豊 . 前苏联 ВХУТЕМАС(高等艺术与技术工作室 1920–1927)——ВХУТЕИН(高等艺术与技术学院 1927–1930)
与构成主义建筑 [J]. 华中建筑，2012，30(4).
51. 郭丽敏，田鸿喜 . 俄国构成主义及其对现代主义设计运动的影响 [J]. 美术大观，2013 (12).

PICTURE SOURCE